JN431948

유한요소법의 기초

이주성 지음

UUP

유한요소법의 기초

2012년 2월 27일 초판 2쇄 인쇄 ▪ 2012년 3월 2일 초판 2쇄 발행 ▪ 2009년 9월 25일 초판 발행

▪ 지은이 이주성 ▪ 펴낸이 이철 ▪ 펴낸곳 UUP.(울산대학교출판부) 680-749 울산광역시 남구 대학로 93(무거동) 울산대학교 출판부

▪ 전화 (052)259-2488 팩스 (052)277-3011 ▪ 홈페이지 http://uup.ulsan.ac.kr

▪ 출판등록 제370-1996-000001호(1996.3.13)

▪ ₩9,000

불법복사는 지적재산을 훔치는 범죄행위입니다. 저작권법 제136조(권리의 침해죄)에 따라 위반자는 5년 이하의 징역 또는 5천만원 이하의 벌금에 처하거나 이를 병과할 수 있습니다. 이 책의 판권은 울산대학교 출판부에 있습니다. 잘못된 책은 바꾸어 드립니다.

ISBN 978.89.7868.180.3 (93550)

서문

유한요소법은 자연과학이나 공학적인 문제를 수치적으로 해결하는 방법으로 널리 잘 알려져 있다. 1950년대 유한요소법이 처음으로 항공기 구조 문제 해결에 적용된 이후, 이 방법은 선박, 해양구조물, 항공기, 원자력 발전소 등 대형이면서 복잡한 구조물은 물론 각종 산업기계, 교통기계, 토목 및 건축 구조물, 플랜트, 정밀기계 등 대부분의 공학시스템의 해석 및 설계에 필수적으로 사용되고 있을 뿐만 아니라 의공학, 수리학, 전자기학 등에서의 복잡한 문제를 해결하는데도 쓰이는 등 대단히 폭 넓게 적용되고 있는 수치해석법이다.

본서는 주로 구조역학적인 문제를 다루는 것을 목적으로 저술되었는데, 유한요소법의 기본 개념과 원리, 정식화 과정, 해석 과정 등을 설명하고, 적용 예에 대해 서술하였다. 본서는 3년차 이상의 학부과정이나 대학원 석사 1년차 과정에서 유한요소해석의 교과서로서 또는 유한요소법을 처음 접하는 실무자들의 참고서로 적합하도록 구성되어 있다.

본서는 읽는 이들로 하여금 유한요소법에 대한 기본적인 내용을 이해하고 적용할 수 있는 기초적인 능력을 갖추도록 하는 데에 목표를 두었기 때문에 수학적으로 복잡한 부분은 깊이 다루지 않았다. 이 책이 유한요소법을 처음 접하는 이들에게 작은 도움이라도 되기를 기대한다.

제7장에서 예시한 교육용 프로그램인 'truss2d'의 소스 파일과 예제에 대한 입력 및 출력 파일은 아래의 전자우편 번호로 요청하면 제공받을 수 있다.

✉ 전자우편 주소 : jslee2@ulsan.ac.kr

2012. 02.

울산대학교 연구실에서 저자 씀

목차

제1장 유한요소법의 개요

1-1 유한요소법이란

유한요소법(finite element method : FEM)은 공학문제를 수치적으로 푸는 매우 조직적인 방법의 하나이다.

유한요소법을 타 근사 방법과 비교하는 관점에서 그 특징을 한 마디로 요약한다면 유한요소(finite element)라 불리는 물리적으로 혹은 편의상 나누어진 요소 위에 정의된 특정 성질의 기저함수(basis function)[1]를 주어진 문제에 맞는 어떤 적분형의 원리에 사용하여, 연속체 문제를 유한차원 문제로 수식화 하는 근사적 방법이다. 이 정의에서 위의 두 가지 특징이 타 근사 방법과 구별되게 하는 요점이 된다. 예를 들어 소위 Ritz 법에서는 근사함수, 즉 기저함수(basis function)를 선택하는 데에 있어서 유한요소법에서 요구되는 특정 성질과 다르고, 유한차분법(finite difference method)은 적분원리와는 상관없이 미분을 차분(difference)으로 바꾸어 수식화하는 것이다.

특정 성질의 기저함수라 함은 문제에서 구하고자 하는 함수의 값을 소위 절점에서의 값으로 보간하게 되는데, 이 보간함수를 위한 기저함수가 해당 절점에서는 1의 값을, 다른 모든 절점에서는 영의 값을 가지는 함수로, 이 기저함수에 곱해질 계수가 절점에서 찾으려 하는 함수 값과 같게 되어 바로 절점 값을 나타낸다. 그리고 적분형 원리라 함은 에너지 최소화 정리와 같은 원리로 변분법에서 다루는 적분량을 최소화시키는 원리에 기본을 두고 있기 때문에, 분할된 각 요소에서 적분을 계산하여 같은 요령으로 전체 영역에 대해 합치는 방식이라는 것이다. 이러한 두 특성 때문에

1) 유한요소법과 관련하여 이를 흔히 형상함수 또는 변위함수라 일컫는다.

유한요소 해석 절차에서 주요 관심은 각 요소에 해당하는 대표적인 작업만 하여 소위 요소 행렬을 구하는 것으로 전체 방정식은 간단한 조립과정으로 얻을 수 있다. 이러한 절차는 아주 일관된 작업으로 이루어지므로 범용 프로그램의 개발이 가능한 것이다.

본 교과서는 유한요소법에 대한 기초적인 이론적 배경과 절차, 적용 분야의 예, 프로그램의 구성 등을 자세히 설명하고 있으며 위에 언급한 유한요소 개념에 대한 기본 특성을 염두에 두면 세부적인 사항을 공부할 때 크게 도움이 될 것이다.

공학해석 문제는 흔히 미분방정식으로 기술되고 있기 때문에 유한요소법은 이와 같은 미분방정식을 푸는 수치적인 근사해법으로 볼 수 있다. 이때는 물론 주어진 미분방정식에 상당하는 적분형의 원리에서부터 출발하게 된다. 본 절에서는 유한요소법의 개념을 먼저 미분방정식의 해를 구하는 것과 연관시켜서 설명해 보도록 하자. 지금 우리가 해석하고자 하는 문제가 주어져 있다고 할 때, 이를 다루는 것은 일반적으로 주어진 문제에서 실제 현상을 이상화(idealization)함으로써 역학적 또는 물리적 모델(mechanical or physical model)이 구성되고 이에 역학적 또는 물리적 개념을 도입하여 수학적 모델(mathematical model), 즉 미분방정식이 유도된다. 이렇게 유도한 미분방정식의 해를 구함으로써 실제 현상을 해석할 수 있게 된다. 여기에서 문제가 되는 것은 미분방정식의 해를 구하는 것인데, 여러 가지 해석적인 방법(analytical method)으로 그 해를 구할 수 있겠고, 또는 여러 가지 근사해법(approximate method)을 이용하여 미분방정식의 근사 해(approximate solution)를 구할 수 있다.

근사해법 중에는 아는 바와 같이 여러 가지 방법이 있다. 지금 우리가 다루고자 하는 문제의 미분방정식이 있고, 이에 어떤 원리를 도입하여 그 미분방정식과 등가인 식(equivalent equation)을 유도하였다고 하자. 여기에서 미분방정식과 등가인 식의 해를 구하면 이것이 곧 주어진 문제의 미분방정식의 근사 해가 될 것이다. 유한요소법은 수학적인 측면에서 바로 이러한 개념을 도입한 것이다. 좀 더 설명하면 우리가 해석하고자 하는 물리적 모델을 유한개의 요소로 분할, 구성하여 개개의 요소들의 물리적 특성을 합하여 얻은 결과식(resultant equation)이 영역 전체에 걸쳐서 물리적 현상을 지배하는 미분방정식과 등가라는 개념으로부터 이 등가의 결과식(일반적으로 다원연립방정식이 됨)의 해를 구하며, 이것이 다루는 문제의 근사해가 된다는 것이다.

유한요소법의 기본 개념은 근사적분과 연계하면 보다 쉽게 이해할 수 있다(김규철 외, 2003). 그림 1-1에 보인 함수 f(x)의 다음 정적분을 근사적으로 구한다고 하자.

$$A = \int_a^b f(x)dx \tag{1-1}$$

이는 곧 구간 [a, b]사이의 곡선 하의 면적을 구하는 것으로서 이를 위해 적분구간 [a, b]를 n개의 구간으로 나누는데, 각 구간의 간격 (interval)은 동일할 필요는 없다. 단지 함수 f(x)가 급격하게 변하는 부분에서는 간격을 좁게 (많은 수의 구간으로) 나누고 그와 반대로 함수 f(x)가 완만하게 변하는 부분에서는 비교적 간격을 작게 (적은 수의 구간으로) 나누면 될 것이다. 구간을 나누는 점의 수는 이 경우 (n+1) 개가 되고 각 점의 x와 y좌표는 다음과 같이 알 수 있을 것이다.

$$(x_1, y_1), (x_2, y_2), \ldots, (x_i, y_i), (x_{i+1}, y_{i+1}), \ldots, (x_n, y_n), (x_{n+1}, y_{n+1})$$

잘 알고 있는 것처럼 식 (1-1)로 주어진 적분의 근사값, A_{app}는 각 구간의 면적을 구해서 이들을 합하면 된다. 즉

$$A_{app} = \sum_{i=1}^{n} A_i \tag{1-2}$$

A_i는 i번째 구간의 면적으로서 이 구간의 시작점과 끝점인 (x_i, y_i)와 (x_{i+1}, y_{i+1})를 알고 있으므로 이 두 점을 이용하면 이 구간에서만 함수 f(x)를 근사적으로 표현하는 근사함수 $g_i(x)$를 구할 수 있다. 즉

$$g_i(x) = \frac{y_{i+1} - y_i}{x_{i+1} - x_i}(x - x_i) + y_i \tag{1-3}$$

따라서 i번째 구간의 면적 A_i는

$$A_i = \int_{x_i}^{x_{i+1}} g_i(x)dx = \frac{h_i}{2}(y_{i+1} + y_i) \tag{1-4}$$

에서 구할 수 있다. 여기에서 h_i는 i번째 구간의 간격이다 ($h_i = x_{i+1} - x_i$). 이상의 적분은 잘 알려진 사다리꼴 법칙인데, 구간 [a, b]의 전체 면적의 근사 값을 n개의 구간의 면적을 각각 구해서 합함으로써 구할 수 있다. 이러한 방법으로 근사 적분 값을 구할 때 알아야 할 내용은 각 구간의 양 끝점의 좌표이고 이는 위에서 표시한 (n+1)개의 점의 x와 y좌표로 부터 정의 된다. 따라서 임의의 i번째 구간의 양 끝점이 정의되면 식 (1-3)과 (1-4)는 모든 구간에 대해서 일반적으로 적용할 수 있어서 근사 적분 값을 구하는데 하나의 구간에만 관심을 두면 된다는 것을 알 수 있다. 또한 임의의

i번째 구간의 양 끝점의 좌표는 그 점의 번호를 알면 (n+1)개의 점의 x와 y좌표에서 해당되는 번호의 점의 좌표로 정의되므로, (n+1)개의 점의 x와 y좌표 그리고 각 구간이 갖는 점의 번호를 굳이 순서대로 나열할 필요가 없으나, 오류의 가능성을 배제하기 위해 가지런한 형태로 부여하는 것이 바람직 할 것이다. 예를 들어서 아래의 적분을 4개의 등간격 구간으로 나누고 그림 1-1(a)와 같이 점들과 구간의 번호를 부여하면 수치적분을 위한 데이터를 표 1-1(a)와 같이 입력하고 각 구간의 면적을 식 (1-5)에서 구하고 이들을 합함으로써 근사 적분 값을 구할 수 있게 된다. 만일 같은 문제를 그림 1-2(b)와 같이 점과 구간의 번호를 부여했다면, 수치적분에 필요한 데이터는 표 1-1(b)와 같이 준비하면 될 것이다.

$$A = \int_1^2 e^x dx \tag{1-5}$$

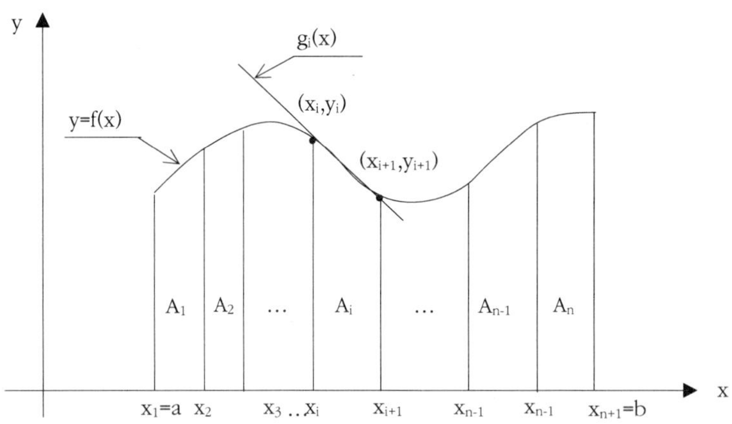

[그림 1-1] 수치적분과 유한요소법

[표 1-1] 수치적분을 위한 데이터의 예 : 함수 $f(x) = e^x$를

(a) 그림 1-1(a)와 같이 점과 구간 번호를 부여한 경우

데이터 점의 좌표			구간을 정의하는 데이터		
no	x 좌표	y 좌표	no	시작점, i	끝점, j
1	1.00	2.718	1	1	2
2	1.25	3.490	3	3	4
3	1.50	4.482	2	2	3
4	1.75	5.755	4	4	5
5	2.00	7.389			

(b) 그림 1-1(b)와 같이 점과 구간 번호를 부여한 경우

데이터 점의 좌표			구간을 정의하는 데이터		
no	x 좌표	y 좌표	no	시작점, i	끝점, j
1	1.00	2.718	1	2	4
2	1.75	5.755	3	1	3
3	1.25	3.490	2	3	5
4	2.00	7.389	4	5	2
5	1.50	4.482			

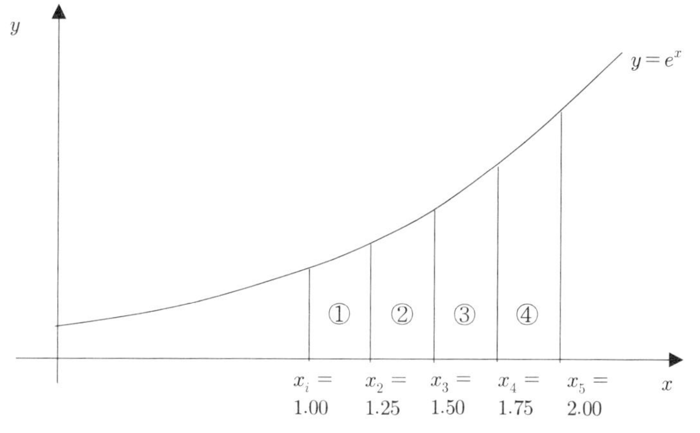

(a) 구간 번호 부여 방법 1

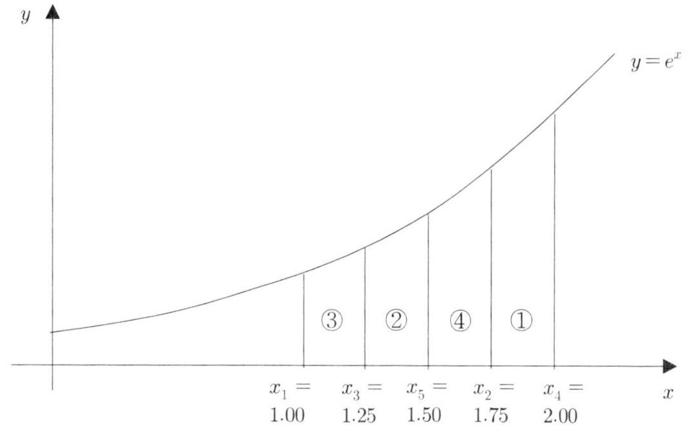

(b) 구간 번호 부여 방법 2

[그림 1-2] 적분 $A = \int_1^2 e^x dx$를 위한 구간의 분할

적분과 관련된 또 하나의 예로서 그림 1-3(a)와 같은 임의의 기하학적 형상을 갖는 2차원 도형의 면적을 근사적으로 구하는 문제를 생각해 보자. 그림 1-3(a)에 보인 도형의 면적을 구하는 방법이 여러 가지 있을 수 있는데 대상 도형을 그림 1-3(b)과 같이 다수의 삼각형으로 표현하고 각 삼각형의 면적을 구해서 모두 더하면 주어진 평면 도형의 면적을 근사적으로 구할 수 있다. 그림 1-4에 보인 임의의 삼각형의 면적, A는 세 꼭지점의 좌표 (x_i, y_i), (x_j, y_j)와 (x_k, y_k)가 주어지면

$$A = \frac{1}{2}\begin{vmatrix} 1 & x_i & y_i \\ 1 & x_j & y_j \\ 1 & x_k & y_k \end{vmatrix} = \frac{1}{2}(x_jy_k - x_ky_j + x_ky_i - x_iy_k + x_iy_j - x_jy_i) \tag{1-6}$$

에서 구할 수 있다. 식 (1-6)은 삼각형의 형태와는 상관없이 적용될 수 있다. 따라서 면적을 구하려는 그림 1-3(a)에 보인 도형을 그림 1-3(b)과 같이 8개의 삼각형으로 분할하고 꼭지점에 해당되는 9개 점의 좌표를 알면, 식 (1-6)을 각 삼각형에 적용한 후 그 면적을 합하면 도형의 면적을 근사적으로 구할 수 있다. 그림 1-3(b)에서 점선이 그림 1-3(a)의 도형을 삼각형으로 분할한 것인데, 이렇게 구한 면적의 근사 값이 실제 값과 상당한 차이가 있을 것이라는 것을 어렵지 않게 예상할 수 있다. 그러나 그림 1-3(b)에서 보다 많은 삼각형을 사용하여 도형을 표현한다면 그 오차는 감소 될 것이라고 예상할 수 있다. 이 문제를 컴퓨터 프로그램으로 다룰 경우 꼭지점에 해당되는 좌표를 입력할 때 번호순서대로 입력할 필요가 없으며 도형을 구성하는 삼각형의 꼭지점의 번호 역시 순서와 상관없이 반시계방향으로 부여하면 된다. 꼭지점의 번호를 시계방향으로 부여하면 식 (1-6)에서 행렬 값이 음 (negative)이 된다. 표 1-2는 도형을 구성하는 삼각형의 꼭지점의 번호를 부여한 예를 보여준다.

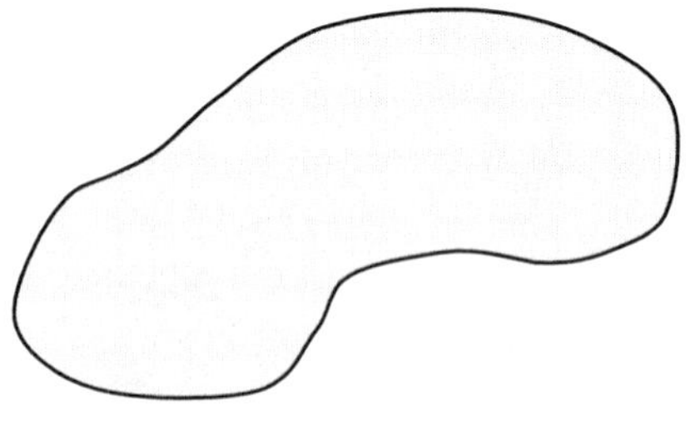

(a) 원래의 형태

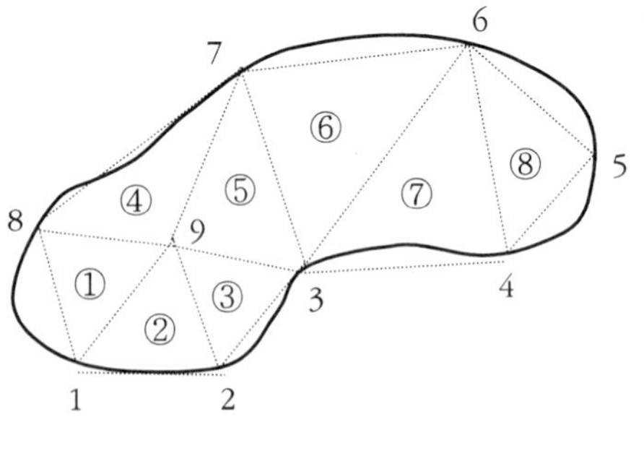

(b) 삼각형으로의 분할

[그림 1-3] 2차원 도형의 예

[표 1-2] 그림 1-3(b) 삼각형들의 꼭지점 번호

삼각형의 번호	꼭지점의 번호		
	i	j	j
1	9	8	1
2	9	1	2
3	9	2	3
4	9	7	8
5	9	3	7
6	3	6	7
7	3	4	6
8	4	5	6

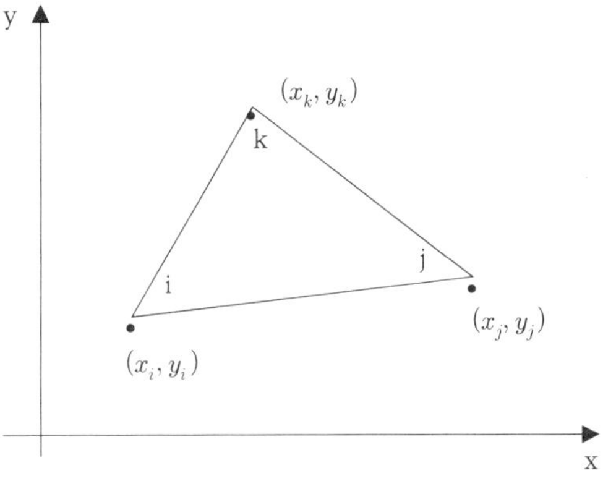

[그림 1-4] 삼각형 꼭지점의 좌표

유한요소법과 적분 사이의 관계를 살펴보면, 그림 1-1에서 전 구간을 구성하는 구간들이라든지 그림 1-3(b)의 삼각형들은 적분하고자 하는 전체 영역(domain)의 부영역 (sub- domain)으로서 유한요소법에서는 이를 요소(element)라 한다. 또한 그림 1-1에서 구간의 양 끝점과 그림 1-3(b)에서 삼각형의 꼭지점은 부영역의 범위를 정의하는데 이를 절점 (node, nodal point 또는 grid point)이라 한다. 즉, 유한요소법에서는 전체 영역을 부영역으로서 유한개의 요소로 나누고, 전체 면적의 근사값을 각 구간 또는 삼각형 면적의 합으로 근사시키는 것처럼 전체 영역이 갖는 물리적 특성치(예로서 강성 등)들을 각 요소가 갖는 물리적 특성치의 합으로써 근사시킬 수 있다(이는 중첩의 의미를 가지며 단순히 더하는 것은 아니다). 또한 적분의 경우와 마찬가지로 요소의 물리적 특성치를 구할 때 요소의 형태가 동일하다면 식 (1-1)을 적용하는 것과 같이 동일한 식을 적용할 수 있어서 일반성을 부여할 수 있겠다. 따라서 유한요소법에서는 전체 영역의 형상 보다는 하나의 요소에 우선적인 관심을 두게 되며 개개 요소의 물리적 특성치를 구하고 중첩함으로써 전체 영역의 물리적 특성을 근사적으로 표현한다는 것이 중요한 기본 개념이다. 또한 적분의 경우 함수의 변화가 심한 부분에서 구간의 간격을 작게 하는 것과 마찬가지로 기하학적 형상이나 물리량의 변화가 심한 부분에서

는 비교적 작은 요소(많은 수의 요소)로 표현함으로써 근사값의 정도를 향상 시킬 수 있으며, 근사적분의 경우 그림 1-1에서 나누는 구간의 수가 증가할수록 그리고 그림 1-3(b)에서 삼각형의 수가 증가할수록 근사적분값이 실제의 값 즉, 정해(exact solution)에 수렴하는 것과 마찬가지로 요소의 수를 증가시키면 유한요소법을 적용한 근사해는 정해에 수렴한다.

그림 1-1의 경우 실제 함수 f(x)를 근사적으로 표현하기 위해 각 구간을 식 (1-3)과 같이 선형함수로서 근사시켰는데, 이는 함수 f(x)로 표현되는 어떤 물리량의 그 구간 (또는 요소) 내에서 분포형태를 표시하는 것으로서 양 끝점 (절점)에서 주어진 함수값 (또는 물리량의 값)인 y_i와 y_{i+1} 및 x 좌표의 함수로서 그 구간 내의 임의의 점에서의 함수값 (또는 물리량의 값)은 해당되는 위치의 x 좌표를 대입해서 구할 수 있다. 즉, 식 (1-3)은 요소 내에서의 물리량을 절점에서의 값으로 표현하는 함수로서, 유한요소법에서는 이를 보간함수 (interpolating function) 또는 형상함수 (shape function)라고 한다. 한편 식 (1-3)은 구간 (또는 요소)내에서 물리량인 f(x)의 분포를 선형함수로 근사시킨 것인데 구간 (또는 요소) 내에 또 하나의 점이 추가로 있으면 물리량의 분포를 2차함수로 근사시킬 수 있어서 적은 수의 구간으로 분할해서도 근사 값의 정확도를 향상 시킬 수 있는 데, 이러한 개념은 유한 요소법에서도 동일하게 적용되어 1차원 문제의 경우 요소 당 절점이 2개 보다 많은 요소를 사용하면 적은 수의 요소로서 정도 높은 결과를 얻을 수 있는 것과 맥락을 같이한다.

지금까지의 설명을 바탕으로 유한요소법의 개념을 다시 설명하면, 유한요소법은 일반적으로 역학과 수리물리학 등에서 경계값 문제(boundary value problem) 및 초기값 문제(initial value problem) 등의 미분방정식의 해를 구하는 근사해법인데, 이 방법에서는 다루는 영역 전체를 편리한 대로 그리고 합리적인 방법으로 유한개의 요소로 분할하고 요소 내에서 절점(node 또는 nodal point)이라 불리는 점들을 택한다. 미분방정식에서 미지의 변수는 적절히 선정한 근사함수의 절점에서 정의된 변수의 값 및 미지 변수의 도함수 값들의 선형결합(linear combination)으로 표현된다. 즉, 미지 변수 값을 절점에서의 값으로 표현한다. 변분법(variational method) 또는 가중잔여법(weighted residual method)을 이용하면 분할된 개개의 요소 내에서 성립되는 주어진 미분방정식에 등가인 유한요소방정식(finite element equation)이 구해진다. 각 요소의 유한요소방정식을 적절히 조립하고 주어진 경계조건 및 초기조건을 대입하여 변형하면 미분방정식과 경계조건 및 초기조건에 등가인 전체 영역에 대한 유한요소 방정식이 구해진다. 이는 통상 다원 연립방정식의 형태를 가지며, 이 연립방정식을 풀어서 그 해를 구하면 미지 변수의 절점 값이 결정된다. 즉, 미분방정식의 해를 절점에서의 값으로 구한다. 이것이 유한요소법의 일반적인 기본개념이다.

1-2 역사적 고찰

넓은 의미에서 유한요소법의 이용은 BC 1,500년경 이집트인이 원의 넓이와 원주의 크기를 구하려는 시도에서부터 출발하였다고 할 수 있다. 그들은 원주율 π의 값을 $\sqrt{10}$ 또는 3.16을 사용하거나 원을 정다각형으로 치환하여 근사적으로 π의 크기를 결정하였다. AD 480년경에는 중국의 Tsu Chung Chik이 그림 1-5(a)와 그림 1-5(b)와 같이 원을 원에 내접하는 사각형들과 원에 외접하는 사각형들인 두 가지 경우로 근사적으로 표현하여 원주율 π의 근사 값을 구하였다. 사각형의 수를 증가시켜서 후자의 경우로부터 원주율의 상한값을 구하고 전자의 경우로부터 원주율의 하한값을 구하였는데, 그는 이 방법으로 원주율의 범위를 $3.1415926 < \pi < 3.1415927$로서 소수점 이하 6자리까지 정확하게 구하였다. 이렇게 구한 상한과 하한값의 평균값은 원주율의 참값(true value)에 더 가까울 것이라는 생각에서 그 평균값을 원주율로서 사용하였다.

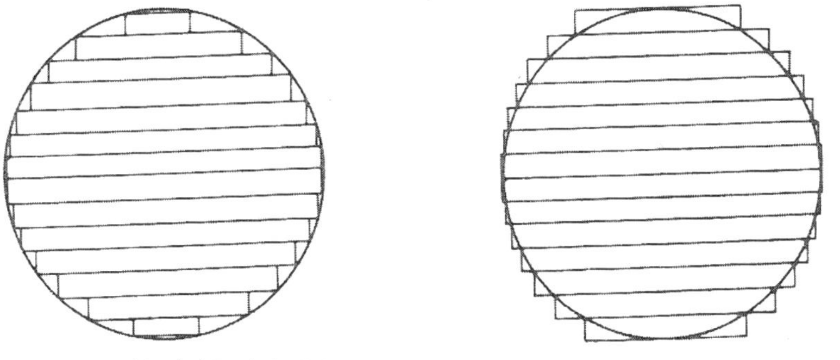

(a) 하한을 위한 치환 (b) 하한을 위한 치환

[그림 1-5] 원의 직사각형으로 치환

이 개념은 유한요소법에서도 마찬가지로 적용된다. 구조해석의 경우를 예로 설명하면 어떤 근사함수를 이용하면 강성이 실제의 강성보다 커서 변위는 오히려 실제 값보다 작은 값이 구해지며, 또 다른 근사함수를 이용하면 강성이 실제 강성보다 작아서 변위는 실제 값보다 큰 값이 구해진다. 이 두 값의 평균을 구하면 그 값은 실제 값에 더 가까워진다.

그 이후에 위에서 설명한 개념을 이용하여 평면도형의 면적이나 입체도형의 체적 등을 구하였다. 넓은 의미에서 이것도 유한요소법이라 할 수 있지만, 실질적인 유한요소법의 이용은 1956년 Tuner 등 (1956)이 항공기의 구조해석에 관한 논문이 발표된 이후에 본격적으로 시작되었다고 할 수 있다. 이때의 유한요소법은 강성(stiffness)의 물리적 특성을 이용하여 출발한 것으로 매트릭스 구조해석법(matrix structural analysis method)라고 불리었다.

종전까지의 구조해석에서는 해석적인 방법이나 응력법(force method)을 이용하여 어느 정도 성공적으로 수행하였지만, 제트엔진으로 항공기를 추진하는 추세에 따라 속도가 빨라져서 그에 따르는 두 가지 문제가 제기되었다. 하나는 항공기의 구조를 구성하는 재료적 문제이고, 다른 하나는 응력법으로는 만족할 만한 구조해석의 결과를 얻을 수 없다는 문제였다. 첫 번째 문제는 티타늄(titanum)의 사용으로 해결되었지만 두 번째 문제는 해결을 보지 못하였다. 그러던 중 그 때까지는 평형방정식을 변위의 항으로 나타냈을 때 그 평형방정식의 해를 구하는 데 어려움이 있었기에 뒷전에 밀어 놓았던 변위법(displacement method)의 사용을 시도해 봄으로써 해결의 실마리를 찾기 시작했다. 평형방정식을 변위의 항으로 나타내면 응력의 항으로 나타낼 때보다 미분방정식이 고계(high order)가 되기 때문에 이를 푸는 데 어려움이 있었다.

Tuner 등이 1956년에 발표한 논문은 그 전까지 해결하지 못했던 많은 문제들을 변위법으로 해결할 수 있는 가능성을 보여주었다. 그 논문이 발표된 이후에 Agyris(1960)가 그에 관한 문제를 계속 연구하였고, 컴퓨터의 확대 보급과 아울러 많은 학자들이 유한요소법을 복잡한 구조해석의 연구에 적용하였다.

1960년대 초까지는 유한요소법을 강성의 물리적 의미를 이용하여 적용하였는데, 1962년 이후부터는 Ritz 법 등의 변분법(Dym and Shame, 1973)을 적용하여 유한요소방정식을 정식화함으로써 이 방법은 큰 발전을 보았고, 아울러 여러 가지 유한요소들에 대한 연구 개발도 활발히 이루어졌다.

그 이후로부터 1970년대는 유한요소법의 황금기라 할 수 있겠는데, 구조해석과 함께 최적이론(optimum theory)을 적용하여 복잡한 구조물의 구조해석을 통한 최적설계(optimal design)를 성공적으로 수행하였다. 이 시기에는 유한요소법의 수학적인 측면에 대한 연구도 활발히 진행되어, Felippa(1966), Oden(1970) 등에 의해 유한요소법의 수학적 체계도 이루어졌다.

1965년 Zienkiewicz가 유체역학적 문제와 전기장 문제에 유한요소법을 응용한 이래로 유한요소법은 구조해석 분야뿐만 아니라, 열전달, Seepage, 지하수 문제, 전기장 문제, 유체역학 문제 등 비구조해석 분야에도 적용되었다. 또한, 미분방정식이 선형방정식인 문제뿐만 아니라 여러 학문 분야에서 마주치게 되는 비선형방정식의 해를 근사적으로 구하는 것도 성공적으로 수행할 수 있게 되었다. 이렇게 발전된 이 방법은 공학 분야는 물론 물리학이라든지 순수수학 분야에 관련된 문제에도 적용할 수 있게 되었다.

[표 1-3] 유한요소법을 적용하는 공학 분야의 예

적용 분야	평형 문제	고유치 문제	전달 문제
1. 구조역학 · 항공역학 · 조선공학	• 보 · 판과 shell구조물의 해석 • 여러 재료로 구성된 복잡한 구조물의 해석 • 2차원과 3차원 응력 해석	• 구조물의 안정성 해석 • 구조물의 고유 진동수와 진동 형상 • 선형 점탄성 감쇄	• 응력파의 전달 • 비주기적 하중에 대한 구조물의 동적 응답 • thermo elasticity • 점탄성 문제
2. 토질 · 지반 · 암반공학	• 비원형 단면측의 비틈 • 굴착 문제 • 안정성 문제 • 지반 · 구조물 복합 문제 • 댐 · 터널 · 굴삭 등	• 지반 · 구조물 복합 시스템의 고유진동 해석	• 비정상 seepage • 변형가능 다공성 물체와 유동-응축현상 • 응력파 전파 • 동적 토질-구조물 간섭현상
3. 열전도	• seepage문제 등		• 비정상 온도 및 열 유동
4. 유체역학 수력학 수자원	• 정상 온도 분포 • 이상 유동 • 정상 적성 유동 • 정상 seepage	• 호수, 항만 등의 자연주기 및 진동 모드 • 강체 또는 변형체 용기내의 유체의 출렁임	• 염도 또는 오염 확산 • 하상 침전 이동 • 비정상 유동 해석
5. 원자학공학	• 구조물 해석 • 유체 및 고체의 정상 온도 분포	• 진동 해석	• 구조물의 동적 거동 해석 • 열 · 수력학적 비정상 해석
6. 생체역학	• 안구, 뼈 및 치아 등의 응력 해석 • 이식조직 및 보철 시스템의 하중 지탱능력 문제 • 심장의 기계학		• 두개골의 충격 해석 • 해부조직의 동역학
7. 기계적 설계	• 응력 집중 문제 • 압력용기, 피스톤, 복합재료, 링크장치 및 치차 등의 응력 해석	• 링크장치, 치차 및 기계 공구 등의 고유진동수와 안정성 문제	• 동적 하중하에서의 크랙 및 파괴 문제

앞서 기술한 바와 같이 유한요소방정식의 유도에 변분법을 적용하여 큰 발전을 보았는데, 변분법에서 다루는 바와 같이 범함수(functional, 물리적으로는 포텐셜에너지 등)가 존재하여 적분형의 원리가 있는 경우에는 모두 적용할 수 있는 도구로 대두되었다. 변분법을 적용할 때는 범함수가 존재해야 하는데, 어떤 문제는 이를 구하기 어렵거나 존재하지 않을 수도 있다. 그래서 그에 관련된 문제는 변분법과 연관시켜서 해결하지 못하다가 Galerkin 법 등의 가중잔여법에 의한 유한요소방정식의 정식화가 가능해져서, 범함수를 구하기 어려운 문제나 존재하지 않는 문제에도 Galerkin 법 등과 적분형의 원리로 바꾸어 적용이 가능하게 되었다. 이로써 유한요소법을 적용할 수 있는 범위는 실로 광범위하여 다른 근사해법과는 비교할 수 없는 강력한 도구가 되었다. 표 1-3에 지금 현재 많이 적용되는 공학 분야의 예를 열거하였다.

1-3 유한요소법과 근사해법

유한요소법이 변분법이나 가중잔여법 등 다른 근사해법과 마찬가지로 미분방정식을 푸는 근사해법이지만 다른 근사해법과의 차이를 일반적인 관점에서 비교해 보자.

일반적으로 변분법 등의 근사해법에서는 전체 영역에 걸쳐서 만족해야 하는 어떤 조건들을 모두 만족하는, 미지의 계수가 포함된 근사함수를 선택하고, 이 근사함수에 포함된 미지의 계수들을 결정함으로써 전체 영역에서 미분방정식을 만족하는 영역변수의 근사 값을 구하는데, 유한요소법에서는 전체 영역을 절점과 절선(nodal line)으로 나누고 전체 영역을 유한개의 요소로 구성하여 요소 내에서만 주어진 조건을 만족하는 근사함수를 선정한다. 이 근사함수는 영역변수의 절점에서의 값이 미지의 변수인 것인데, 이로써 구하려는 해를 절점에서의 값으로 구한다. 즉, 다른 근사해법에서는 전체 영역에 걸쳐서 주어진 조건을 만족하는 근사함수를 택해야 하지만, 유한요소법에서는 요소 하나에서만 연속인 부분연속함수(piecewise continuous function)를 조합하여 전체 영역의 근사함수로서 정한다.

다른 근사해법에서는 주어진 조건 (경계조건 또는 초기조건 등)을 전체 영역에 걸쳐서 만족해야 하는 함수를 택해야 하므로 간단한 기하학적 형상과 간단한 경계조건 또는 초기조건이 주어진 경우의 문제에만 적용될 수 있는 한계성이 있어서, 복잡한 형상 또는 복잡한 경계조건이 주어진 문제에 적용하는 것은 적지 않은 어려움이 뒤따른다. 이에 반하여 유한요소법에서는 하나의 요소 내에서만 주어진 조건을 만족하는 함수의 집합으로써 전체 영역에서 부분 연속인 함수를 택하여 문제를 취급하기 때문에 임의의 기하학적 형상 및 임의의 경계조건이 주어진 복잡한 문제에도 용이하게 적용할 수 있다. 또한 이러한 이유에서 서로 다른 물리적 또는 기계적 특성치를 갖는 물질들로 전체 영역이 구성되어 있는 경우에도 문제를 쉽게 다룰 수 있다.

결론적으로 말하면 앞서 언급했듯이 이 방법 역시 근사해법의 일종이지만 가장 일반성을 갖는 근사해법이다.

1-4 본서의 구성과 내용

유한요소법을 공부하는 데 있어서 여러 방면의 지식이 요구되는데 대체로 다음과 같다. 우선 유한요소방정식을 유도하기 위해서는 변분법 및 가중잔여법에 관한 내용이 필요하다. 그리고 취급하려는 문제에 관한 역학적 및 물리적인 내용과 함께, 유한요소방정식의 유도과정에는 행렬연산의 과정이 대부분을 차지하고 있고, 어떤 경우에는 텐서(tensor)식으로 표현하는 것이 필요하기 때문에 행렬의 연산과 텐서에 관한 내용이 요구된다. 그리고 이 방법은 원천적으로 컴퓨터 하드웨어와 소프트웨어의 발달과 더불어 발전해왔다는 점에서 전산 프로그램을 이용하여 요구되는 해답을 구해야 한다. 따라서 컴퓨터 프로그램을 통하지 않으면 이 방법은 거의 쓸모없는 도구가 되기 때문에 전산 프로그램(computer program)에 대한 지식이 필요하다.

이 책에서는 우선 본장의 다음 절부터 유한요소법의 적용상의 기본 과정과 요소의 여러 가지 형태, 그리고 요소의 분할에 대해 언급하였다. 제2장에서는 변분법과 가중잔여법을 설명하고 이와 유한요소법과의 관계에 대해 기술하였다. 제3장에서는 이 방법에서 사용되는 근사함수 또는 보간함수(interpolating function)로서의 형상함수의 간단한 형태에 대해 설명하고 제4장에서는 변분법 및 가중잔여법에 의한 유한요소방정식의 정식화 과정을 다루었고, 유한요소 해석과정 전반과 유한요소해석을 위한 컴퓨터 프로그램의 구성에 대해 다루었다. 제5장에서는 정식화 과정을 쉽게 이해하도록 하기 위하여 제3장에서 설명한 선형 요소들의 형상함수를 도입하여 그 정식화 과정을 취급하였다.

유한요소법은 표 1-3에서 볼 수 있듯이 구조역학적인 문제뿐만 아니라 대단히 다양한 자연과학이나 공학에 관련된 문제를 해결하는 데에 적용될 수 있으나, 본서에서는 평면 구조물에 대한 구조해석에만 국한 하였다. 그 이상 수준이나 다른 분야의 문제에 대해서는 참고문헌들을 참고하기 바란다. 이러한 의도에서 제6장에서는 평면 트러스 구조 그리고 평면변형률 및 평면 응력문제, 평면 프레임 문제를 예제와 함께 다루었다. 제7장에서는 평면 트러스 구조물의 구조해석을 위한 프로그램의 구성요소와 예제 구조물에 대한 입·출력 파일 내용을 설명하였고 프로그램 목록을 포함시켰다. 이는 독자가 상용 패키지 사용시 유한요소해석 과정의 보다 구체적인 내용의 이해를 돕거나 또는 자신의 목적에 부합된 프로그램의 개발에 유용한 참고자료가 될 것이다. 유한요소법에 관련된 참고문헌들은 대단히 많지만 본 서에서는 관련된 몇 가지 중요한 문헌들을 소개하였다.

1-5 유한요소법의 기본과정

유한요소법으로 어떤 문제를 해석하고자 할 때 다음에 열거한 5가지 기본과정을 거쳐서 유한요소방정식을 유도하고 그 해를 구하여 문제를 취급한다.

과정 1 : 영역의 분할

취급하려는 문제의 전체 영역을 적절한 요소로 분할, 구성하고 절점과 요소들을 정의한다. 이는 유한요소법을 적용할 때 가장 기본이 되는 과정이다. 이에 대해서는 §1-6에서 자세히 설명하기로 한다.

과정 2 : 형상함수의 선정

주어진 문제와 전체 영역을 구성하는 요소의 형태에 따라 다루려는 문제의 주어진 조건들을 만족하며, 정해에 수렴하기 위한 조건들을 만족하는 형상함수를 적절히 선정한다. 만일 적절하지 못한 함수를 택하게 되면 그 결과에 신빙성을 부여할 수 없다.

과정 3 : 요소의 유한요소방정식의 유도

요소의 포텐셜을 구하여 변분법에 의하거나 주어진 미분방정식을 직접 이용하여 가중잔여법에 의해 미분방정식과 등가인 유한요소방정식을 구성한다.

과정 4 : 전체 영역에 대한 유한요소방정식의 구성

과정 3에서 구한 각 요소의 유한요소방정식을 조립하여 전체 영역에 대한 것을 구성한다. 여기에서 최종적인 방정식은 다원연립방정식의 형태로 구해진다. 이 연립방정식에 주어진 경계조건이나 초기조건 등을 대입하여 변형한 후 그 연립방정식의 해를 구한다. 이렇게 해서 영역변수의 절점 값으로 미분방정식의 근사 해가 구해진다.

과정 5 : 요소의 결과로서 생기는 물리량을 계산

영역변수의 절점 값이 구해지면 각 요소에서 응력 등의 물리량을 계산한다.

유한요소법을 적용할 때 이상의 과정을 거쳐서 컴퓨터 프로그램에 의해 문제를 취급하는데, 전과정을 프로그램으로 해결할 수도 있고 과정 2에서 과정 5만을 프로그램 내에서 처리할 수도 있다.

1-6 영역의 분할

§1-5에서 간단히 기술한 바와 같이 다루는 문제의 영역을 분할하는 과정은 유한요소법을 적용할

때 그 첫 번째 과정이고 가장 기본이 되는 것이다. 이에는 어떤 이론적인 배경이 있는 것이 아니라, 많은 경험을 거쳐서 얻은 공학적 판단에 의존한다고 하겠다. 만일 이 과정에서 잘못이 있게 되면, 다른 과정에서 아무런 이상이 없다고 하더라도 그 결과는 불만족스럽고 또는 부정확한 것이 된다.

영역의 분할에서는 다루는 문제의 전체 영역의 기하학적 형태를 나타내기 위해 사용되는 요소라고 불리는 부영역(subdomain)의 형상과 그 수를 결정하고, 절점의 위치를 정의해준다.

요소의 크기와 수는 공학적 입장에서 그 결과를 사용하기에 충분한 정도를 갖기 위해서는 가능한 한 많은 수의 작은 요소로 나타내 주면 되지만 이렇게 하면 계산 시간이 길어지게 된다. 그러나 계산 시간을 감소시키기 위해 적은 수의 큰 요소로 나타내면 그 결과가 만족스럽지 못하게 된다. 따라서 요소의 수와 계산 시간 사이의 상반적인 측면에서 적절한 절충이 필요하다. 직감적으로 생각할 때 영역변수의 값이나 그 도함수의 값이 급격히 변화하리라고 예상되는 구역 또는 기하학적 형상이 급격히 변화하는 구역에서는 이들을 충분히 만족하게 나타내 줄 수 있도록 많은 수의 작은 요소로 분할하고, 그와 반대로 영역변수의 값이나 그 도함수의 값의 변화가 크지 않으리라 예상되는 구역 또는 기하학적 형상이 간단한 구역에서는 요소의 크기를 크게 해도 가능할 것이다.

영역을 분할하는 데 있어서 앞서 언급한 바와 같이 경험을 통한 공학적 판단이 요구되는데, 간단히 말하면 전체 영역을 분할해 놓았을 때 전반적으로 부자연스럽지 않도록 하면 큰 무리가 없으나 경험을 요하는 부분이다. 본절에서는 이에 관해 경험이 적은 독자들에게 도움이 될 만한 몇 가지 일반적인 기본 규칙을 언급하였고, 여러 가지 형상의 요소들에 대해 알아보았다.

1-6-1 요소의 형태

우선 유한요소법에서 사용되는 요소의 형태에 대해 알아보자. 유한요소법과 관련되어 여러 가지 형태를 갖는 많은 요소들이 개발되어 실제 문제를 성공적으로 수행하여 왔다. 여기에서는 보다 일반적이고 광범위하게 사용되는 요소에 대해 알아보기로 한다.

(1) 1차원 요소(1 dimensional element)

1차원 요소는 가장 간단한 요소로서 단면적을 갖고 있는 선요소(line element)인데, 요소의 단면적은 요소 길이 전체에 걸쳐서 일정하기도 하고, 경우에 따라서 요소의 길이에 따라 변화시킬 수도 있으며 직선 또는 곡선의 형태를 가질 수도 있다. 1차원 요소는 1차원 문제, 예를 들면 1차원 열전달 문제, 1차원 유체역학 문제, 축 방향으로만 하중을 받는 트러스 형의 구조물이라든지 격자형 구조물의 응력해석 문제 등에서 유용하게 사용된다.

1차원 요소 중에서 가장 간단한 것은 요소의 양단에서 각각 하나씩의 절점을 갖는 2절점 1차원 요소이다. 이를 1차원 선형요소(1 dimensional linear element)라고 한다[그림 1-6 (a)와 (b)]. 절점이 둘 이상인 요소를 고차요소(higher order element)라 하는데 보통 많이 사용하는 고차요소는 그림 1-6(c)와 (d)에 보인 1차원 3 절점요소와 1차원 4 절점요소가 있다. 이들을 1차원 2차 요소와 3차 요소(1 dimensional quadratic element and cubic element)라 한다.

영역의 형상이 곡선이라면 직선요소로써 그의 근사적인 형상을 나타낼 수 있고 또는 요소 자체가 굽은 형상을 갖는 고차요소로써 표현할 수도 있다[그림 1-6(e)].

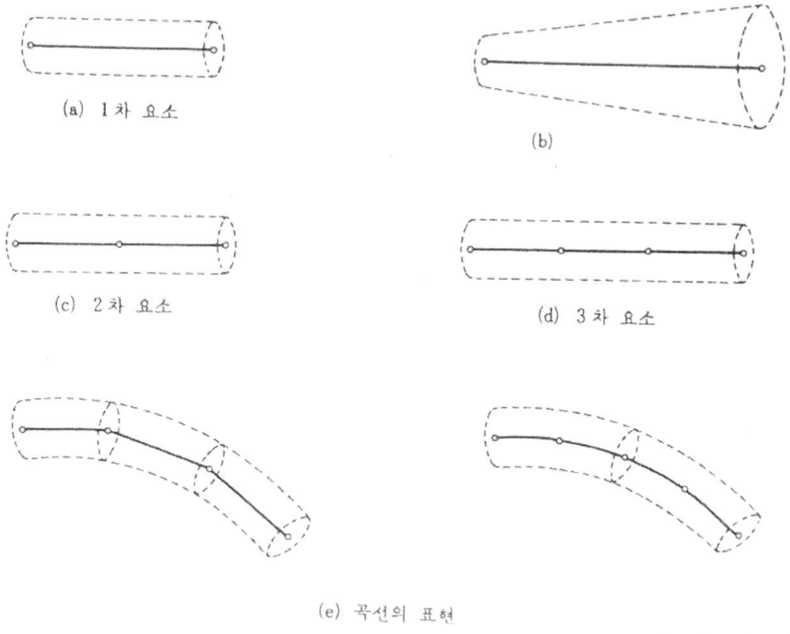

[그림 1-6] 1차원 유한요소

(2) 2차원 요소(2 dimensional element)

2차원 영역의 형태를 나타내는 2차원 요소로서는 삼각형 요소(triangular element)와 사변형 요소(quadrilateral element)가 주로 많이 사용된다. 직사각형 요소(rectangular element)는 사변형 요소의 특별한 경우이다.

각 요소에 대해서 선형 요소는 요소의 각 변이 직선이고[그림 1-7(a)] 2차와 3차 요소 등 고차 요소는 직선 또는 곡선의 변을 갖거나 직선과 곡선인 변을 동시에 갖는다[그림 1-7(b)와 (c)].

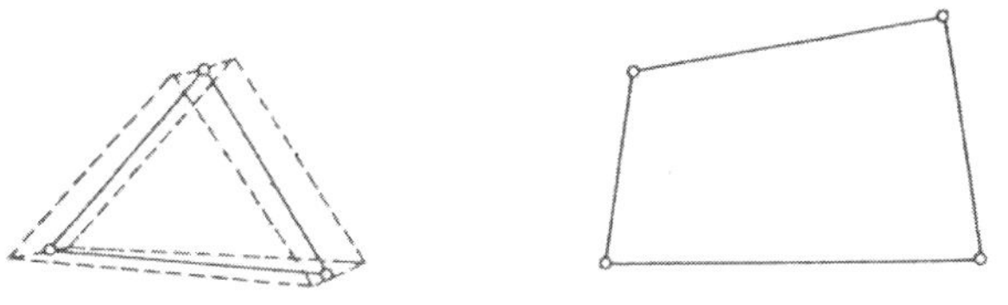

(a) 선형 요소

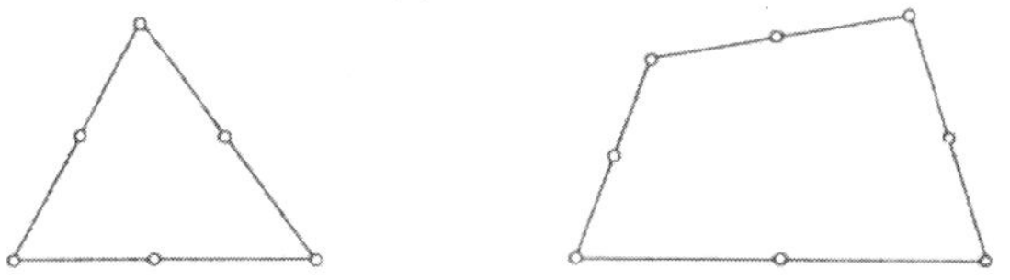

(b) 2차 요소

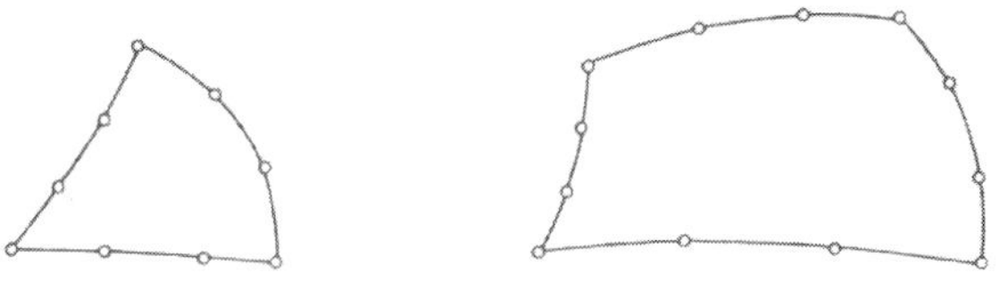

(c) 3차 요소

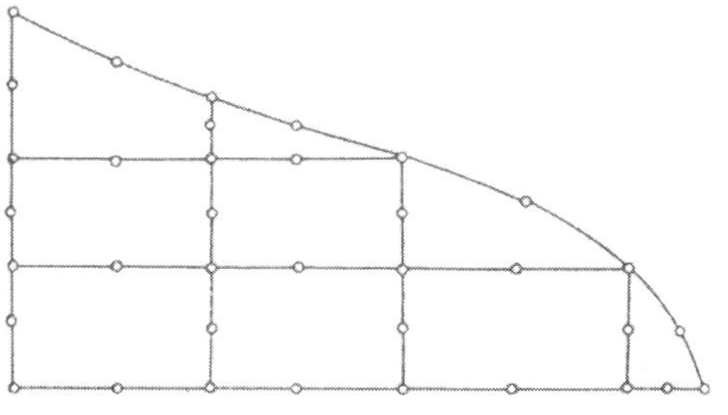

(d) 2차 삼각형과 사변형 요소의 조합

[그림 1-7] 2차원 유한요소

2차원 요소는 2차원 열전달 문제, 2차원 Seepage문제, 2차원 유체역학 문제와 면내하중을 받는 평판이나 면외하중을 받는 평판의 처짐 문제의 응력해석 등에서 사용한다. 또한 쉘(shell)을 평판 요소로 나타내어 구조해석을 수행하기도 한다.

한 변에 같은 수의 절점이 있는 삼각형 요소와 사변형 요소를 혼합해서 사용함으로써 복잡한 기하학적 형상을 나타내어 문제를 쉽게 다룰 수 있다[그림 1-7(d)]. 1차원 요소가 그 단면적이 일정할 수도 있고 변화할 수도 있는 것과 마찬가지로 2차원 요소의 두께는 요소 전체에 걸쳐서 일정할 수도 있고 변화시킬 수도 있다. 즉 요소의 두께가 좌표의 함수가 될 수 있다.

(3) 3차원 요소(3 dimensional element)

3차원 요소로서 가장 흔히 사용되는 것은 사면체 요소(tetrahedron element)와 각주 요소(brick element)이다[그림 1-8(a)와 (b)]. 3차원 요소는 2차원 요소를 3차원으로 확대시켰다고 생각하면 되는데, 2차원 와 마찬가지로 선형요소는 경계면(boundary surface)이 평면이고, 2차 · 3차 요소 등 고차요소는 평면 또는 곡면 또는 평면과 곡면을 동시에 가질 수 있다. 3차원 요소의 사용상의 어려움은 3차원 영역을 분할하는데 있는데, 사면체 요소보다 각주 요소로 그 형상을 나타내는 것이 편리하기 때문에 각주 요소를 많이 사용한다. 그러나 2차원의 경우와 마찬가지로 복잡한 형상을 갖는 3차원 영역은 사면체와 각주 요소를 혼합하여 사용한다.

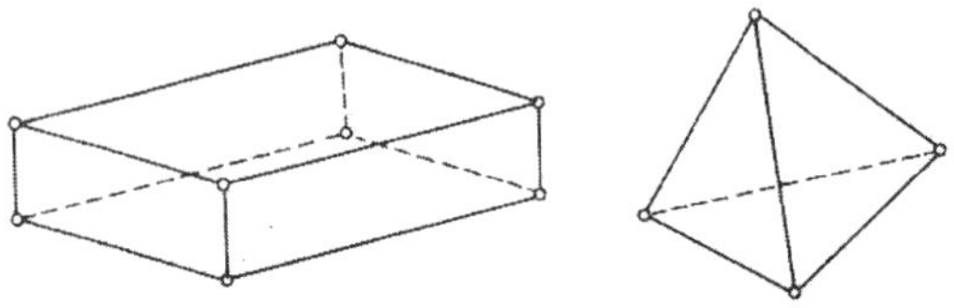

(a) 선형 요소

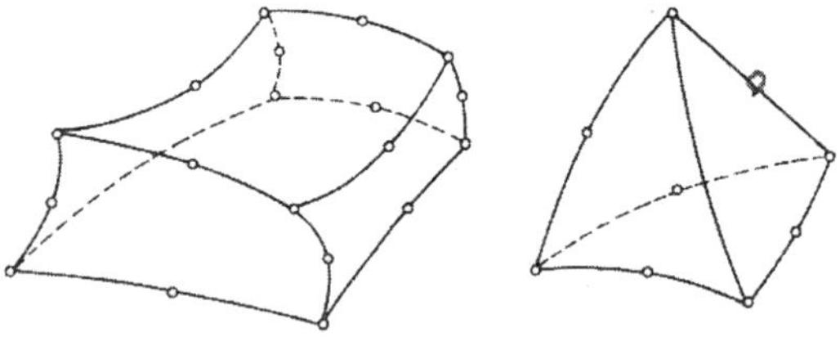

(b) 고차 요소

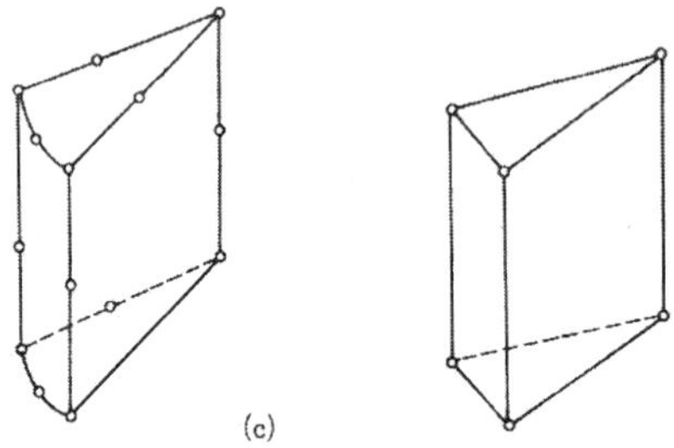

(c)

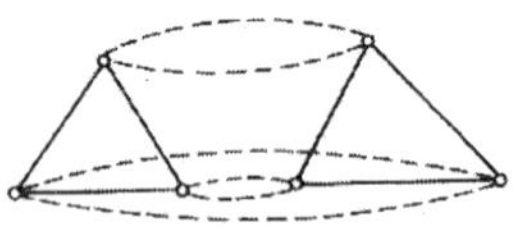

(d) 축대칭 요소

[그림 1-8] 3차원 유한요소와 축대칭 요소

실린더 형상을 갖는 영역의 기하학적 형상을 나타내는 경우에는 그림 1-8(c)와 같이 원기둥의 일부의 형상을 갖는 요소가 사용되는데, 이 요소는 2차원의 사변형 요소와 비슷하지만 제3좌표계 방향(원주방향)으로 물리량의 변화를 고려해야 하는 경우에 사용된다.

그림 1-8(d)는 축대칭 문제를 취급할 때 사용되는 축대칭 요소인데 이 요소는 삼각형 요소를 1회전하여 유도된다. 사변형 요소를 1회전하면 단면이 사변형인 고리 모양의 축대칭 요소를 얻을 수 있다. 이러한 요소는 그림 1-8(c)에 보인 요소와는 달리 원주방향으로 물리량의 변화를 고려할 필요가 없을 때 사용한다. 따라서 축대칭 문제(axi-symmetric problem)는 3차원 문제이긴 하지만 2차원적으로 취급한다.

이상에서 소개한 1차원, 2차원과 3차원 요소들은 특정된 문제를 다루는 경우를 제외하고는 대개 서로 혼합하여 복잡한 형상을 표현해 주고 문제를 쉽게 처리하게 된다. 이는 앞서 언급한 바와 같이 다른 근사해법에 비해 비교할 수 없는 유한요소법이 갖는 장점 중의 하나이다. 예를 들어서 선체구조는 수많은 보강재와 평판 등으로 구성되어 있는 복잡한 구조물인데 선측외판, 선저, 갑판 및 격벽 등은 평판요소로서, 종통재, 횡보강재 등은 1차원 보요소로 치환하여 선체구조의 형상을 충분히 나타낼 수 있다. 이 외에도 항공기, 토목구조물 등도 여러 형태의 요소를 복합하여 사용함으로써 성공적으로 관련된 문제를 처리할 수 있다. 비구조해석, 예를 들면 유체동역학 등의 문제에 대해서도 역시 마찬가지이다.

1-6-2 영역의 분할

영역의 분할과정에서는 취급하려는 문제의 전체 영역을 여러 형상의 유한요소로 구성하는 것과 각 요소의 번호와 절점의 번호를 붙이는 것 등 크게 두 부분으로 나눌 수 있다. 이 과정은 겉으로 보기에는 간단해 보이지만 영역의 형상이 복잡하여 많은 요소로 분할해야 하는 경우에는 그리 간단한 문제가 아니다. 앞서 기술한 바와 같이 이 과정은 유한요소법을 적용하는 데 있어서 가장 기본이 되는 과정인데, 여기에서 잘못이 있게 되면 엉뚱한 결과를 초래하거나, 그로써 얻어진 결과는 믿을 만한 것이 못될 것이다. 또한 이에는 문제에 따라 적절한 요소를 사용해야 하는 공학적 판단이 요구된다. 예를 들어서 그림 1-9(a)에 보인 박판 보의 응력해석 또는 좌굴해석을 하려고 할 때 그림 1-9(b)에서처럼 1차원 보 요소(beam element)로 치환하거나, 또는 그림 1-9(c)에서처럼 평판 요소로 분할하여 수행할 수도 있다. 그러나 이 경우에 해석하는 이가 어떠한 결과를 원하느냐에 따라 구조물을 나타내기 위해 선택하는 요소를 결정한다.

1차원 영역을 분할하는 것은 적절히 절점을 선정한 후, 각 절점들을 직선 또는 곡선으로 연결해 주면 간단히 해결되므로 이에는 별다른 어려움이 없다. 그러나 2차원 특히 3차원 영역을 분할하고 요소의 번호와 절점 번호를 부여하는 데에는 적지 않은 어려움이 있다. 여기에서는 2차원 영역을 분할하는 것에 대해 설명하고, 그 개념은 3차원 영역에 대해서도 확대 적용된다. 참고로 현재 범용으로 개발된 많은 상용 패키지들에서는 이러한 영역 분할 과정이 GUI(graphical user interface)의 개념을 이용하여 수행되고 따라서 절점이나 요소번호의 부여가 자동적으로 이루어지기 때문에 별 문제가 되지는 않는다. 여기에서 기술하는 내용은 유한요소해석을 위한 자체적인 프로그램을 개발하고 절점과 요소에 관한 데이터를 수작업으로 입력하는 경우를 의미한다.

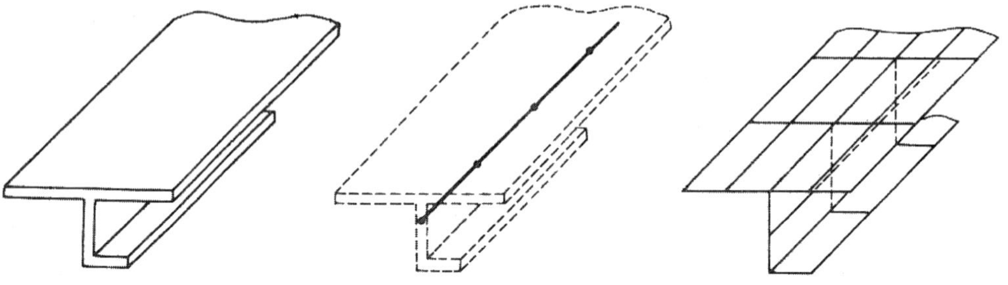

(a) 박판 보　　(b) 보 요소로의 치환　　(c) 평판 요소로의 치환

[그림 1-9] 박판 보

선형 삼각형 요소는 가장 간단한 2차원 요소로서 대개 많은 수의 요소가 요구되긴 하지만 복잡한 기하학적 형상을 나타내는 데 유리하다.

임의의 2차원 영역을 분할하기 위해서 우선 전체 영역을 몇 개의 커다란 사변형 또는 삼각형 구획으로 크게 나눈다. 그 다음에 각 구획을 삼각형 또는 사변형 요소로 나누면 된다. 구획의 설정을 기하학적 형상의 변화, 작용하는 하중 상태라든가 구성 재료의 특성치의 변화, 그리고 물리량들의 예상되는 변화의 정도 등에 그 기준을 두어 구획한다. 그림 1-10은 한 예를 보여주는데, 철과 알루미늄으로 된 평판의 중앙에 구멍이 있다. 우선 구성 재료가 철과 알루미늄으로서 두 가지이므로 두 재료가 만나는 경계선을 구획선으로 설정해야 한다. 응력의 변화가 어느 정도 일정할 것이라고 생각되는, 구멍에서 길이 방향으로 적절히 떨어진 지점에 구획선을 좌우 두 개를 선정한다. 또한, 구멍 주위에는 높은 응력이 발생하고 응력의 변화가 심할 것이므로 작은 크기의 많은 요소를 사용해야 한다. 그래서 구멍 주위는 다른 곳보다 많은 수의 구획을 설정한다.

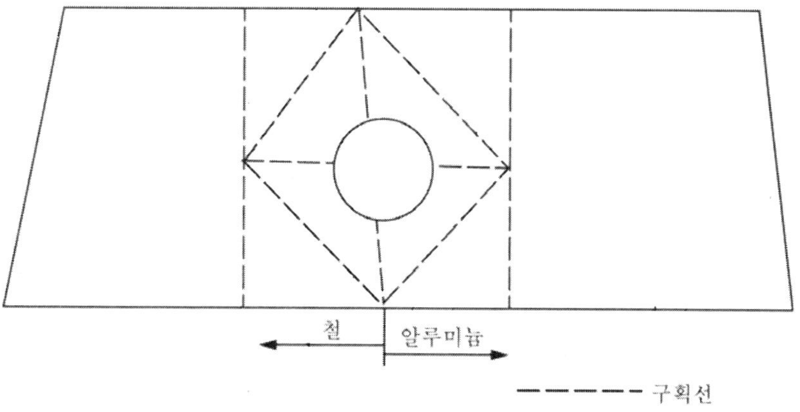

[그림 1-10] 구획의 설정 예

삼각형 구획은 각 변에 절점수를 동일하게 택하고 적절한 절점들을 직선으로 서로 연결하고 각 선들의 교차점을 절점으로 택함으로써 쉽게 분할된다[그림 1-11(a)]. 각 변에서 절점간의 간격은 반드시 등간격일 필요는 없다. 절점 사이의 간격을 변화시킴으로써 필요에 따라 요소의 크기를 변화시킬 수 있다.

삼각형 구획에서 곡선의 변은 선형 삼각형 요소를 사용하면 직선으로 나타내는데 곡선의 변화가 심한 곳에서는 절점수를 많이 택하여 근사적으로 충분히 그 형상을 표현할 수 있다. 한 변에서 절점수가 n개이면 그 구획에서 삼각형 요소의 수는 $(n-1)^2$개다.

사변형 구획에서는 마주보는 변 위에서 같은 수의 절점을 택하며, 서로 상대적 위치가 같은 적절한 절점들끼리 직선으로 연결하고, 그 직선들의 교차점을 절점으로 택하면 된다. 이로써 생기는 사변형 요소는 그대로 사용하거나 사변형의 대각선 방향으로 선을 그어서 두 개의 삼각형 요소로 나눈다[그림 1-11(b)]. 삼각형 요소로 나눌 때에는 사변형의 최단 대각선으로 나누는 것이 바람직하다. 그 이유는 삼각형 요소를 사용할 때 정삼각형에 가까울 경우에 동일한 수의 요소로 분할하여 정해에 보다 더 가까운 값을 얻을 수 있기 때문이다[그림 1-11(c)]. 사변형 구획에서 이웃하는 변 위에서의 절점수는 같을 필요는 없지만 마주보는 변 위에서의 절점수는 같아야 한다. 삼각형 구획의 경우와 마찬가지로 각 변 위에서 절점간의 간격이 반드시 같을 필요는 없고 절점수와 절점 간의 간격을 변화시켜서 요소의 크기를 필요에 따라 변화시킬 수 있다. 이웃하는 두 변 위에서 택한 절점수가 각각 n과 m개라면, 이 사변형 구획 내에서 삼각형 요소의 수는 $2(n-1)(m-1)$개다. 만일 사변형 요소로 나타내었다면 그 수는 $(n-1)(m-1)$개이며, 삼각형 요소를 사용할 때와 마찬가지로 정사각형에 가까운 형상을 가질수록 동일한 수의 요소를 사용해서 보다 더 좋은 결과를 얻을 수 있다.

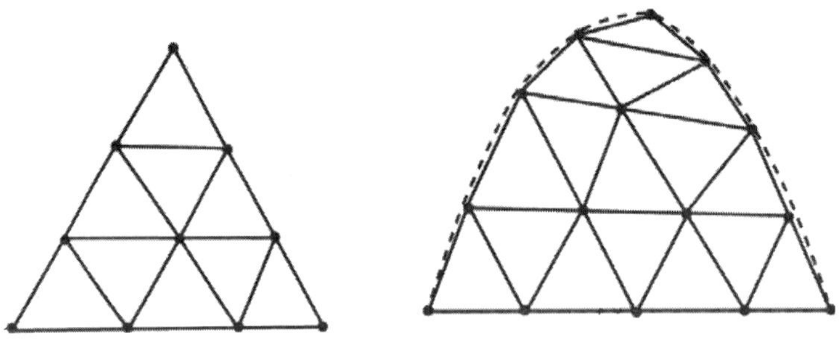

(a) 삼각형 구획

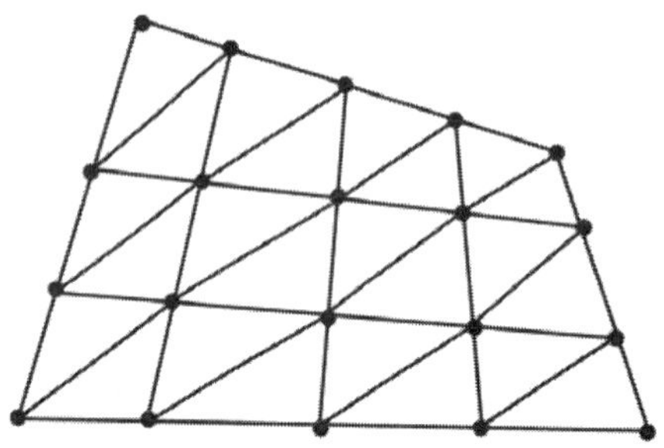

(b) 사변형 구획

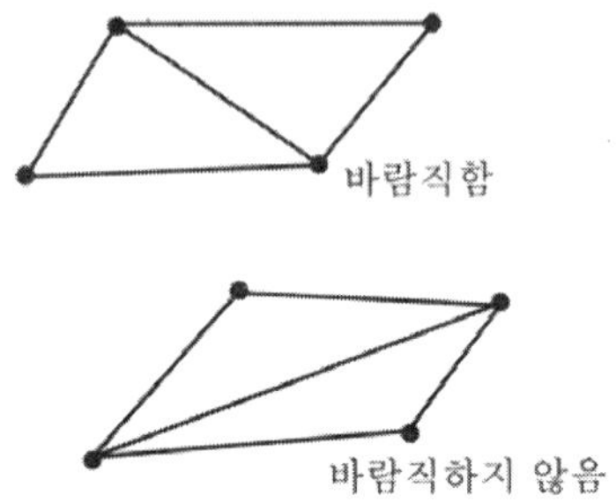

(c)

[그림 1-11] 삼각형 구획과 사변형 구획의 분할

삼각형 구획과 사변형 구획은 구획의 경계선을 공동으로 가질 수 있는데, 이러한 경우에 그 경계 위에서의 절점 수는 같아야 하며, 절점들의 상대적인 위치도 같아야 한다. 상식적인 견지에서 볼 때도 두 구획이 공유하는 경계 위에서 절점수와 절점들의 상대적 위치가 같아야 한다. 이는 사변형과 사변형 구획, 그리고 삼각형과 삼각형 구획이 서로 이웃하는 경우에도 마찬가지이다. 이 조건은 요소의 경계(element boundary)에서 영역변수의 연속조건을 만족하기 위해 분할과정에서 기본적으로 필요한 사항이다.

그림 1-12에서 올바른 분할의 예와 잘못된 분할의 예를 각각 보여준다. 그림 1-12(a)는 올바른 구획인데 구획 A와 B의 경계인 선 A-B위에서 절점수가 3개이고, 구획 B와 C의 경계선인 선 B-C 위에서의 절점수가 5개로 공유 경계선에서 절점수가 같고 또한 그들의 상대적 위치도 같다. 절점간의 간격은 직선에 가까운 곳에서 적은 수의 요소를 사용하기 위하여 사변형의 변을 따라 변화시켰다. 그림 1-10(b)에서는 잘못된 분할의 예를 보여 주는데 구획 A와 B의 경계, 선 A-B에서는 절점수가 다르고, 구획 B와 C의 경계, 선 B-C에서는 절점수가 같지만, 그들의 상대적인 위치가 다르다.

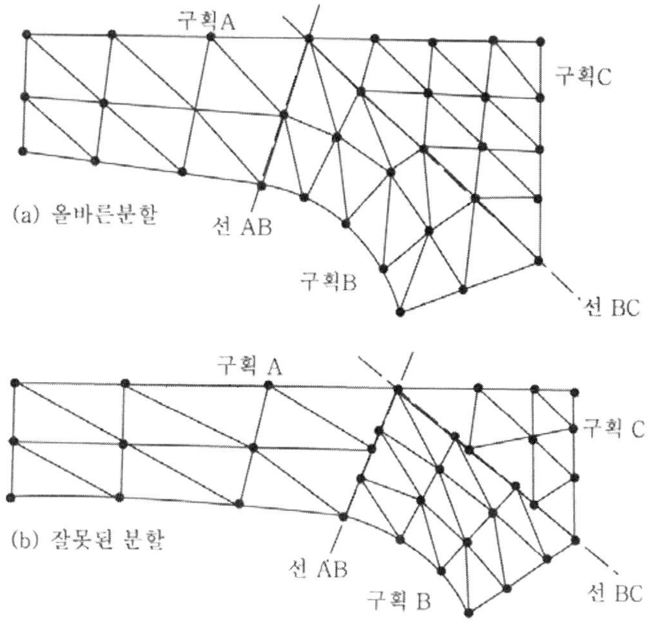

[그림 1-12] 분할의 예

모든 요소가 동일한 크기와 형태를 갖는 규칙적인 분할의 경우는 특별한 경우를 제외하고는 실질적인 문제에 있어서 바람직하지 못하다. 특히 물리량의 변화가 심한 경우에서는 더욱 그러하다. 응력이 집중되어 있는 곳이라든지, 또는 온도의 변화가 심한 곳 등 물리량의 변화가 심한 구역에서는 물리량의 변화가 적은 곳에서보다 많은 수의 작은 요소로 나타내야 한다. 이미 언급하였듯이 요소의 크기를 변화시킬 수 있다는 것은 유한요소법이 갖는 중요한 장점 중의 하나이다. 요소의 크기를 변화시키는 가장 손쉬운 방법은 그 부분에서 마주보는 변 위에서의 절점수를 달리 택하는 것이다. 예를 들어서 그림 1-13에서와 같이 한 변 위에서는 2개의 절점을, 마주보는 변 위에서는 3개의 절점을 택하고 이들을 적절히 연결하여 요소의 크기를 변화시키는 좋은 조합 상태를 얻을 수 있다. 그림 1-14는 응력집중 문제에 이를 이용한 예를 보여준다.

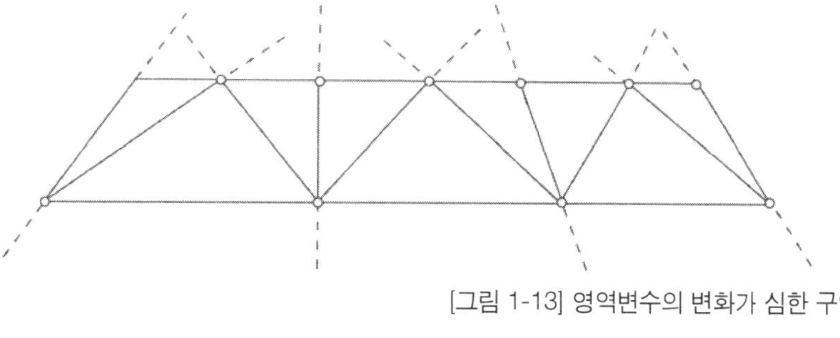

[그림 1-13] 영역변수의 변화가 심한 구역의 분할 예

지금까지 분할 과정에서 필요한 기본적인 몇 가지 사항을 설명하였는데, 분할한 후 요소들의 분포 형태가 자연스러워야 한다는 것이다. 실제 문제를 취급하는 데 있어서는 여기에서 기술한 개념과 더불어 공학적 판단과 많은 경험이 필요하다.

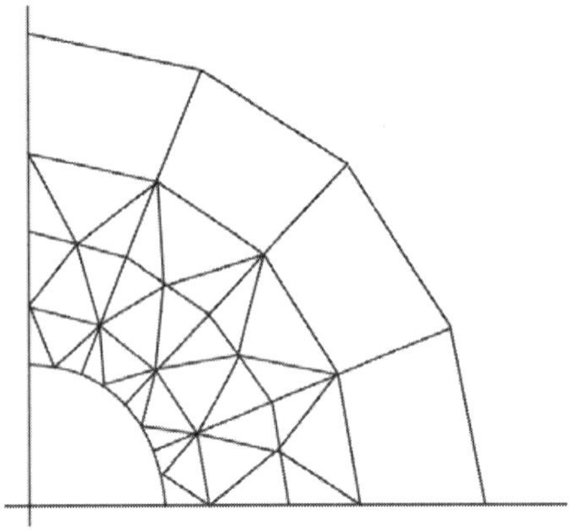

[그림 1-14] 응력집중구역의 분할 예

1-7 자유도

자유도(degree of freedom)는 '물체의 거동을 표현하는 변수의 수'로 정의된다. 예를 들어서 그림 1.15(a)에 보인 축하중을 받는 봉의 거동은 길이방향으로의 변위, u로서 정의되므로 이는 1자유도 문제이고, 그림 1.15(b)에 보인 판의 경우 그 거동은 x와 y방향으로의 변위인 u와 v로 정의되므로 2자유도 문제에 해당된다. 자유도의 수는 절점에서 정의되는 변위의 수(변수의 수)와 같은데 이를 절점 당 자유도 수(no. of degree of freedom per node)라 한다. 따라서 그림 1.15(a)와 그림 1.15(b)의 경우 절점 당 자유도 수는 각각 1과 2이다. 유한요소법에서 자주 사용하는 자유도 수에 대해 아래와 같이 정리하였다.

(1) 요소 당 자유도 수(no. of degree of freedom per element)

이는 하나의 요소 전체의 거동을 정의하는데 필요한 미지수의 수로서

(절점당 자유도수) × (요소당 절점수)

(2) 전 자유도수(total no of degree of freedom)

이는 전체 영역의 거동을 정의하는데 필요한 미지수의 수이고 또한 다루는 전체 영역에 대한 등가의 연립방정식 형태의 유한요소 방정식에서 미지수의 수로서

(절점당 자유도수) × (총 절점수)

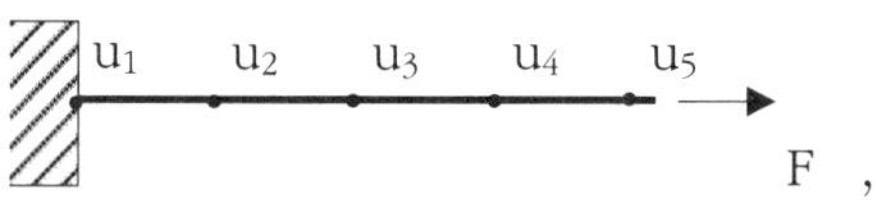

• : 절점

(a) 축하중을 받는 봉

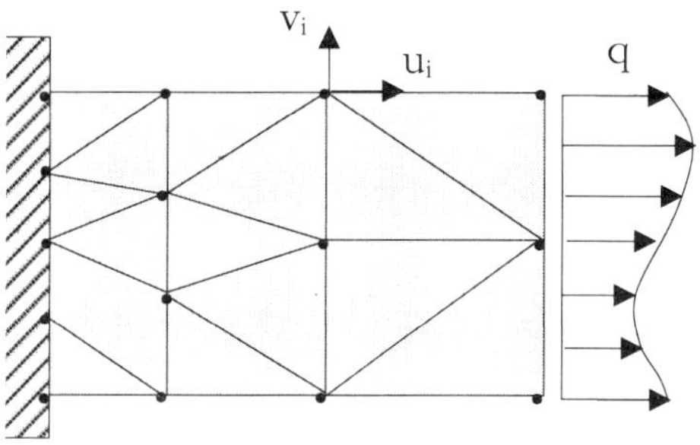

(b) 면내 하중을 받는 판

[그림 1.15]

1-8 요약

본장에서는 유한요소법에 대해 개괄적인 내용을 기술하였다. 근사해법으로서의 유한요소법의 개념과 그 역사적 고찰, 그리고 다른 근사해법과의 비교를 간략히 언급하였다. 변분법과 가중잔여법에 대해서와 이들의 유한요소법과의 비교는 2장에서 보다 자세히 설명될 것이다.

유한요소법을 공부하는 데에는 역학적 물리적인 전문지식과 함께 변분법과 가중잔여법, 행렬과 tensor 및 벡터, 그리고 컴퓨터 프로그램에 관한 내용이 필수적이다. 또한 이에 대해 전제요건으로서의 유한요소법의 기본적 개념을 이해하는 것이 필요하다. 이 방법의 적용상 기본 과정인 영역의 분할에 관련된 사항은 이 방법을 이용하는 사용자가 많은 경험을 통해 익혀야 할 것이다.

유한요소법이 지금까지의 근사해법 중에서 가장 강력한 방법임에는 틀림이 없지만 사용자가 전제 요건과 필수적인 지식을 이해하고, 아울러 자신이 직접 문제를 다루어 보아야 한다. 그런 이유에서 사용자가 직접 컴퓨터 프로그램을 작성하여 문제를 직접 해결하는 가운데 많은 경험을 쌓음으로써 본 방법은 문제 해결의 강력한 도구로 유용하게 사용될 수 있을 것이다.

제2장 변분법과 가중잔여법

2-1 변분법 일반

피적분함수가 미지함수의 식으로 정의된 적분식의 극값을 결정하는 문제는 변분문제(variational problem)에 속한다. 즉 일반적으로 변분문제란 적분

$$I = \int_v F(x_1, x_2, \cdots, y_1, y_2, \cdots, y_{1,1}, y_{1,2}, y_{2,1}, \cdots)dv \tag{2-1}$$

이 극값을 갖도록 하는 함수 $y_1, y_2 \cdots$ 등을 결정하는 것이다. 여기에서 $x_1, x_2 \cdots$ 등은 독립변수들이고, $y_{1,1} = \dfrac{\partial y_1}{\partial x_1}, y_{1,2} = \dfrac{\partial y_1}{\partial x_2}, \cdots$ 등은 y_1의 $x_1, x_2 \cdots$에 관한 편미분을 의미한다. 함수 F는 변수 $x_1, x_2 \cdots$와 함수 $y_1, y_2 \cdots$의 함수이다. 적분 I는 함수 공간에서 실수(real)를 구해 주는 함수의 함수로서 범함수(functional)라 하고, 공학 문제에서는 물리적으로 포텐셜 에너지에 해당한다. 이 적분의 극값에 대한 조건은 소위 변분원리(variational principle)로 구해진다. 간단한 예로서 범함수가

$$I(y) = \int_{x_0}^{x_1} F(x, y, y')dx \tag{2-2}$$

로 주어졌을 때 $I(y)$가 두 점 $P_0(x_0, y_0)$와 $P_1(x_1, y_1)$ 사이에서 극값을 갖도록 하는 미지함수

$y=y(x)$를 결정하는 것을 생각해 보자. 식 (2-2)에서 $y'=dy/dx$이다.

F는 x, y와 y'를 변수(argument)로 갖고 y는 2계 미분이 연속한 함수, 즉 C^2급에 속하는 함수라 하자[2]. 그리고 경계 $x=x_0$와 $x=x_1$에서 다음과 같은 조건이 주어져 있다.

$$y(x_0)=y_0, \qquad y(x_1)=y_1 \tag{2-3}$$

따라서 이 문제의 해로서 허용할 수 있는 함수(permissible function) $\tilde{y}(x)$의 집합 의 성분들은 두 점 (x_0, y_0)와 (x_1, y_1)을 지나는 매끈한 곡선들이라고 간주할 수 있다(그림 2-1).

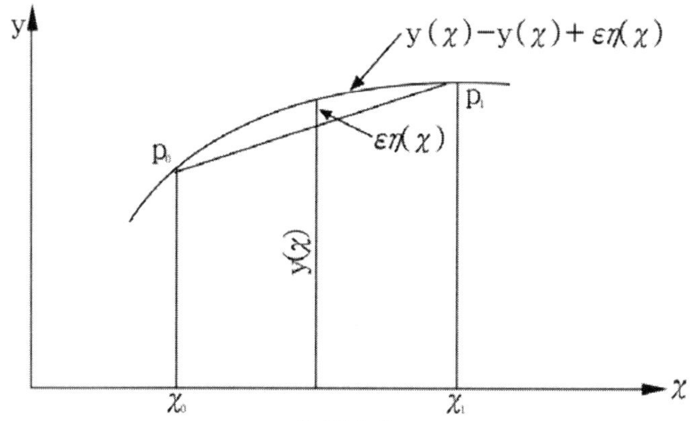

[그림 2.1]

허용 함수의 집합 $\{\tilde{y}(x)\}$ 중에서 어떤 곡선 $\tilde{y}(x)$를 적분식 (2-2)에 대입해서 $I(\tilde{y})$를 결정 할 수 있는데, 문제는 결국 $\{\tilde{y}(x)\}$ 중에서 식 (2-2)가 극값이 갖게 되는 함수를 구하는 것이 된다.

만일 $y(x)$를 이 적분식을 극화(extremization)하는 정해의 함수라고 가정하면, $y(x)$ 근처에 있는 함수 $\tilde{y}(x)$는

$$\tilde{y}(x)=y(x)+\epsilon\eta(x) \tag{2-4}$$

로 표현된다. 여기에서 $\eta(x)$는 구간 (x_0, x_1)에서 0이 아닌 임의의 함수이고 ϵ은 변수계수로서 작은 실수이다. 두 함수의 차, 즉

---

2) n계 미분, $y^{(n)}$이 연속한 함수 y를 C^n급 함수(C^n class function)라 한다.

$$\tilde{y}(x) - y(x) = \epsilon\eta(x)$$

를 $y(x)$의 변분(variation)이라 하고 이를

$$\epsilon\eta(x) = \delta y = \tilde{y}(x) - y(x) \tag{2-5}$$

라고 쓴다. 기호 δ는 변분연산자(variational operator)로서 미분연산자(differential operator)와 유사한 역할을 한다.

집합 $\{\tilde{y}(x)\}$의 모든 함수는 식 (2-3)으로 주어진 조건을 만족해야 하므로

$$\tilde{y}(x_0) = y(x_0) = y_0$$
$$\tilde{y}(x_{1)} = y(x_1) = y_1$$

이 된다. 따라서 식 (2-5)에서 $\eta(x)$는 $x = x_0$와 x_1에서 경계조건

$$\eta(x_0) = \eta(x_1) = 0 \tag{2-6}$$

을 만족하는 임의의 함수이다.

$y = y(x)$일 때 적분식 (2-2)는 극값을 갖고 또한 $\epsilon = 0$일 때 식 (2-4)에서부터 $\tilde{y}(x) = y(x)$가 되며 $\tilde{y}, \tilde{y}'$는 계수 ϵ의 함수이다. 따라서 범함수 I도 ϵ의 함수, 즉 $I = I(\epsilon)$이므로 $I(\tilde{y})$는 $\epsilon = 0$에 대해서 극값을 가져야 한다. $I(\tilde{y})$가 극값을 갖기 위한 필요조건은 $I(\tilde{y})$의 변분인 $\delta I(\tilde{y})$가 0이 되면 된다. 즉,

$$\delta I(\tilde{y}) = \frac{\partial I}{\partial \epsilon}\delta\epsilon = 0 \tag{2-7}$$

를 만족하는 함수 $\tilde{y}(x)$는 식 (2-2)가 극값을 갖는 해가 된다. 이는 마치 어떤 함수가 최소값(또는 최대값)을 가질 필요조건과 비슷하여, 범함수가 극값을 갖도록 하는 어떤 함수 $\tilde{y}(x)$를 구하는 것과 범함수의 최소화 과정(minimization process)을 거쳐서 함수 $\tilde{y}(x)$를 구하는 것은 같다고 하겠다.

식 (2-2)로부터

$$\delta I(\tilde{y}) = \delta \int_{x_0}^{x_1} F(x, \tilde{y}, \tilde{y}')dx$$
$$= \int_{x_0}^{x_1} \frac{\partial}{\partial \epsilon} F(x, \tilde{y}, \tilde{y}')dx$$

여기에서

$$\tilde{y} = y(x) + \epsilon\eta(x)$$
$$\tilde{y}' = y'(x) + \epsilon\eta'(x)$$

를 이용하면 피적분함수 F의 ϵ에 대한 미분은 다음의 형태로 된다.

$$\frac{\partial}{\partial \epsilon} F(x, \tilde{y}, \tilde{y}') = \frac{\partial F}{\partial \tilde{y}} \cdot \frac{\partial \tilde{y}}{\partial \epsilon} + \frac{\partial F}{\partial \tilde{y}'} \cdot \frac{\partial \tilde{y}'}{\partial \epsilon}$$
$$= \frac{\partial F}{\partial \tilde{y}} \eta(x) + \frac{\partial F}{\partial \tilde{y}'} \eta'(x)$$

이 식을 $\delta I(\tilde{y})$에 대입하면

$$\delta I(\tilde{y}) = \int_{x_0}^{x_1} \left(\frac{\partial F}{\partial \tilde{y}} \eta(x) + \frac{\partial F}{\partial \tilde{y}'} \eta'(x) \right) \delta\epsilon dx$$

$\delta I(\tilde{y}) = 0$으로부터

$$\int_{x_0}^{x_1} \left(\frac{\partial F}{\partial \tilde{y}} \eta(x) + \frac{\partial F}{\partial \tilde{y}'} \eta'(x) \right) \delta\epsilon dx = 0 \tag{2-8}$$

식 (2-8)의 두 번째 항을 부분적분하면

$$\int_{x_0}^{x_1} \frac{\partial F}{\partial \tilde{y}'} \eta'(x)dx$$
$$= \frac{\partial F}{\partial \tilde{y}'} \eta(x) \Big|_{x_0}^{x_1} - \int_{x_0}^{x_1} \eta(x) \cdot \frac{d}{dx} \left(\frac{\partial F}{\partial \tilde{y}'} \right) dx$$

식 (2-6)에서 $\eta(x_0) = \eta(x_1) = 0$ 이므로

$$\int_{x_0}^{x_1} \frac{\partial F}{\partial \tilde{y}'} \eta'(x) = - \int_{x_0}^{x_1} \eta(x) \cdot \frac{d}{dx}\left(\frac{\partial F}{\partial \tilde{y}'}\right) dx$$

이 식을 식 (2-8)에 대입하고, $\epsilon = 0$ 때 $\tilde{y}$ 와 $\tilde{y}'$ 는 각각 y 와 y' 이므로 이를 고려하면

$$\int_{x_0}^{x_1} \eta(x) \left\{ \frac{\partial F}{\partial y} - \frac{d}{dx}\left(\frac{\partial F}{\partial \tilde{y}'}\right) \right\} \delta\epsilon dx = 0 \tag{2-9}$$

$\eta(x)$ 는 구간 (x_0, x_1) 에서 0이 아닌 임의의 함수이고, $\delta\epsilon$ 역시 임의의 계수이므로, 식 (2-9)가 성립하기 위해서는

$$\frac{\partial F}{\partial y} - \frac{d}{dx}\left(\frac{\partial F}{\partial \tilde{y}'}\right) = 0 \tag{2-10}$$

이 되어야 한다.

식 (2-10)을 식 (2-2)의 Euler방정식이라 하는데, 우리가 다루는 문제의 구성방정식(미분방정식 또는 지배방정식)이 된다. 따라서 Euler방정식은 범함수가 극값(또는 최소값)을 갖기 위한 필요조건이다.

$F = F(x, y, y')$ 을 이용하여 식 (2-10)을 수행하면

$$\frac{\partial F}{\partial y} - \frac{\partial^2 F}{\partial x \partial y'} - \frac{\partial^2 F}{\partial y \partial y'} y' - \frac{\partial^2 F}{\partial y'^2} y'' = 0 \tag{2-11}$$

을 얻는다.

이상의 과정을 범함수가

$$I(y) = \int_{x_0}^{x_1} F(x, y, y', y'' \cdots\cdots y^{(r)}) dx \tag{2-12}$$

로 주어진 문제에 적용하면 Euler방정식이

$$\frac{\partial F}{\partial y}-\frac{d}{dx}\left(\frac{\partial F}{\partial y'}\right)+\frac{d^2}{dx^2}\left(\frac{\partial F}{\partial y'}\right)\cdots\cdots+(-1)^r\frac{d^r}{dx^r}\left(\frac{\partial F}{\partial y^{(r)}}\right)=0 \tag{2-13}$$

과 같이 구해진다.

또 다른 경우로 범함수가

$$I(u)=\int_A F(x,y,u,u_x,u_y)dxdy \tag{2-14}$$

로 주어진 문제의 Euler방정식을 구해 보자. 여기에서 $u=u(x,y), u_x=\dfrac{\partial u}{\partial x}, u_y=\dfrac{\partial u}{\partial y}$ 이고, 경계 s 에서 경계조건 $u=\phi(s)$가 주어져 있다.

식 (2-14)에 변분을 취하면

$$\delta I=\int_A\left(\frac{\partial F}{\partial u}\delta u+\frac{\partial F}{\partial u_x}\delta u_x+\frac{\partial F}{\partial u_y}\delta u_y\right)dxdy \tag{2-15}$$

그런데,

$$\begin{aligned}\delta u_x&=\delta\left(\frac{\partial u}{\partial x}\right)=\frac{\partial}{\partial x}(\delta u),\\ \delta u_y&=\delta\left(\frac{\partial u}{\partial y}\right)=\frac{\partial}{\partial y}(\delta u)\end{aligned}$$

이므로 식 (2-15)를 다시 쓰면

$$\delta I=\int_A\left\{\frac{\partial F}{\partial u}\delta u+\frac{\partial F}{\partial u_x}\frac{\partial}{\partial x}(\delta u)+\frac{\partial F}{\partial u_y}\frac{\partial}{\partial y}(\delta u)\right\}dxdy \tag{2-16}$$

윗 식의 두 번째 항을 부분적분하면

$$\int_A\frac{\partial F}{\partial u_x}\frac{\partial}{\partial x}(\delta u)dxdy=\int_s\frac{\partial F}{\partial u_x}\delta u l_{nx}ds-\int_A\frac{\partial}{\partial x}\left(\frac{\partial F}{\partial u_x}\right)\delta u dA$$

여기에서, l_{nx}는 경계면에서 단위 법선 벡터 n의 x방향 성분이고 s와 A는 각각 선적분(line integration)과 면적적분(surface integration)을 나타낸다. 세 번째 항도 마찬가지로 하여 식 (2-16)에 대입하면

$$\delta I = \int_A \left\{ \frac{\partial F}{\partial u} - \frac{\partial}{\partial x}\left(\frac{\partial F}{\partial u_x}\right) - \frac{\partial}{\partial y}\left(\frac{\partial F}{\partial u_y}\right) \right\} \delta u dA + \int_s \left(l_{nx}\frac{\partial F}{\partial u_x} + l_{ny}\frac{\partial F}{\partial u_y} \right) \delta u ds \tag{2-17}$$

$\delta I = 0$이므로 윗 식에서부터 식 (2-14)의 Euler방정식은

$$\frac{\partial F}{\partial u} - \frac{\partial}{\partial x}\left(\frac{\partial F}{\partial u_x}\right) - \frac{\partial}{\partial y}\left(\frac{\partial F}{\partial u_y}\right) = 0 \tag{2-18}$$

으로 구해진다.

식 (2-14)의 형태를 갖는 것의 예로서 범함수가

$$F(x,y,u,u_x,u_y) = \frac{1}{2}\left\{(u_x)^2 - (u_y)^2\right\} - f(x,y)u \tag{E 1-1}$$

로 주어진 문제의 Euler방정식을 구해 보자. 여기에서 $f(x,y)$는 기지의 함수이고 $u_x = \frac{\partial u}{\partial x}$, $u_y = \frac{\partial u}{\partial y}$이다.

식 (E 1-1)을 식 (2-18)에 대입하면

$$-f(x,y) - \frac{\partial}{\partial x}(u_x) - \frac{\partial}{\partial y}(u_y) = 0$$

또는

$$-\frac{\partial^2 u}{\partial x^2} - \frac{\partial^2 u}{\partial y^2} = f(x,y)$$

를 얻는다. 미분연산자 $\nabla^2 = \frac{\partial^2}{\partial x^2} + \frac{\partial^2}{\partial y^2}$을 이용하여 다시 쓰면, 식 (E 1-1)의 Euler방정식은

$$-\nabla^2 u = f(x,y) \tag{E 1-2}$$

로 쓸 수 있다. 식 (E 1-2)는 Poisson 방정식이므로, 따라서 (E 1-1)이 Poisson 방정식의 범함수임을 알 수 있다.

변분법은 공학문제의 근사 해를 구하는 유용한 방법인데, 식 (2-14)와 같은 범함수를 구하는 것으로부터 시작되었다. 그러한 범함수가 구해져서 이에 대한 극화과정을 거치면 미지함수의 근사해를 구할 수 있다. 이 과정을 응용한 대표적인 것이 Ritz 법과 Rayleigh-Ritz 법 등이다.

위 예제에서 본 바와 같이 범함수를 그에 대응되는 Euler방정식에 대입하면 다루는 문제에 대한 미분방정식을 구할 수 있다. 그러면 여기에서 그 반대로, 주어진 미분방정식에 대한 범함수를 처음에 어떻게 구할 것인가 하는 의문이 생길 것이다. 다시 말해서 지금까지는 주어진 범함수로부터 극화의 과정을 거쳐서 Euler방정식을 유도하였는데 그 반대의 과정을 거치면 결국 주어진 미분방정식에 대응되는 범함수가 구해 질 것이라는 것이다.

Poisson방정식을 알고 있다고 하고 이의 범함수를 구해 보자. Poisson방정식은 다음과 같다.

$$-\frac{\partial^2 u}{\partial x^2} - \frac{\partial^2 u}{\partial y^2} - f(x,y) = 0 \tag{E 2-1}$$

우선 미분방정식 (E 2-1)과, δu 로써 주어지는 함수 u의 변분(또는 가중함수)에 대한 상호수직투사(orthogonal projection)를 나타내는 내적(inner product)을 구성한다. 미분방정식은 어떤 계에 작용하는 힘의 평형방정식이므로 이는 곧 힘의 차원을 가지며, 따라서 이와 변수 u와의 내적은 에너지의 차원을 갖는다. 따라서 위 내적은 δI로 나타내는 가상 일(virtual work)로 생각할 수 있는데 이는 변수 u의 변분을 고려한 에너지이다. 이 에너지는 계가 갖는 실제 에너지의 가상적인 변분이므로 가상 일의 원리(principle of virtual work)로부터 $\delta I = 0$이 되어야 한다. 즉,

$$\begin{aligned} \delta I &= \left(\left\{ -\frac{\partial^2 u}{\partial x^2} - \frac{\partial^2 u}{\partial y^2} - f(x,y) \right\}, \delta u \right) \\ &= \int_A \left\{ -\frac{\partial^2 u}{\partial x^2} - \frac{\partial^2 u}{\partial y^2} - f(x,y) \right\} \delta u dx dy = 0 \end{aligned} \tag{E 2-2}$$

Gauss정리를 적용하면 δI는 다음과 같이 된다 (Gauss 정리에 대해서는 임상전 등, 2002의 부록을 참고하기 바란다).

$$\delta I = -\int_s u_{,i} l_{ni} \delta u ds + \int_A u_{,i} \delta u_{,i} dxdy - \int_A f(x,y) \delta u dxdy$$

$$= \delta \left\{ -\int_s u_{,i} l_{ni} \delta u ds + \frac{1}{2} \int_A u_{,i} u_{,i} dxdy - \int_A f(x,y) \delta u dxdy \right\} = 0$$

여기에서 $i = x,y$로 하여 다시 쓰면

$$\delta I = \delta \left[-\int_s u \frac{\partial u}{\partial y} dx - \int_s u \frac{\partial u}{\partial x} dy + \frac{1}{2} \int_A \left\{ \left(\frac{\partial u}{\partial x} \right)^2 + \left(\frac{\partial u}{\partial y} \right)^2 - 2f(x,y)u \right\} dxdy \right] = 0 \qquad \text{(E 2-3)}$$

식 (E 2-3)에서

$$dy = l_{nx} ds = \cos(n, x) ds$$
$$dx = l_{ny} ds = \cos(n, y) ds$$
$$ds = \left(dx^2 + dy^2 \right)^{\frac{1}{2}}$$

이고, $\cos(n,x)$와 $\cos(n,y)$는 방향여현(direction cosine)이며, $u_{,i} l_{ni}$는 경계조건으로부터 주어지는 값이다(그림 2-2 참조).

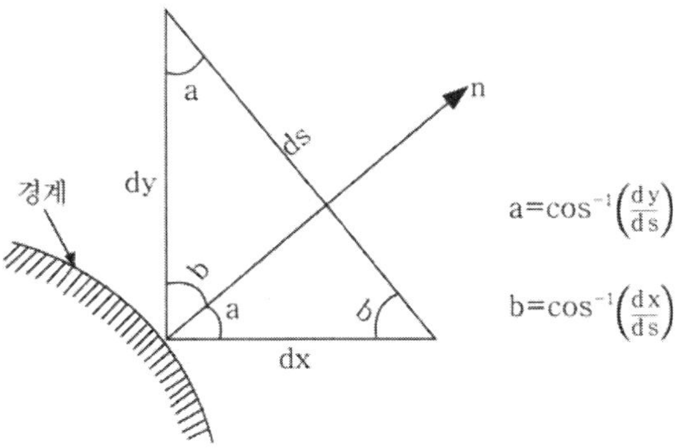

[그림 2.2]

식 (E 2-3)으로부터 경계에서 $u_{,i} l_{ni} = 0$이라고 하면

$$\int_s u \frac{\partial u}{\partial y} dx + \int_s u \frac{\partial u}{\partial x} dy = 0$$

이므로, 범함수 I는

$$I = \int_A \frac{1}{2}\left\{\left(\frac{\partial u}{\partial x}\right)^2 + \left(\frac{\partial u}{\partial y}\right)^2 - 2f(x,y)\right\}dxdy \tag{E 2-4}$$

로 정의된다.

따라서 Poisson 방정식의 범함수는

$$F\left(x, y, u, \frac{\partial u}{\partial x}, \frac{\partial u}{\partial y}\right) = \frac{1}{2}\left\{\left(\frac{\partial u}{\partial x}\right)^2 + \left(\frac{\partial u}{\partial y}\right)^2\right\} - f(x,y)u \tag{E 2-5}$$

로 구해진다. 식 (E 2-5)에서 $\frac{\partial u}{\partial x} = u_x, \frac{\partial u}{\partial y} = u_y$로 대치하면 식 (E 1-1)과 일치한다. 식 (E 2-3)과 (E 2-4)를 각각 에너지의 최소조건과 정적조건(minimum and stationary condition of energy)이라 한다.

이상에서 설명한 바와 같이 변분법에서는 범함수가 요구되는데, 이는 앞서 언급하였듯이 물리적으로는 포텐셜이 요구됨을 의미한다. 따라서 변분법은 포텐셜이 존재하는 범위에서만 유용하고 포텐셜이 존재하지 않거나, 미분방정식이 있다고 하더라도 그 미분방정식에 대응되는 범함수를 구하는 것이 불가능하면 적응할 수 없다. 따라서 변분법을 적용하여 유한요소방정식을 유도할 때도 마찬가지이다.

2-2 Ritz 법

Ritz 법은 변분원리로부터 파생되어 경계 값 문제의 해결에 널리 사용되었던 근사해법 중의 하나이다. Ritz법외에도 변분원리로부터 파생된 근사해법에는 Rayleigh-Ritz 법, Reisner 원리, 최소 포텐셜 원리 등 여러 가지가 있지만 여기에서는 Ritz 법만을 설명한다.

어떤 미분방정식 $Au - f = 0$의 정해를 u라고 하면, §2-1에서 설명한 바와 같이 정해 u 근처에서 근사해로서 허용할 수 있는 함수 $\tilde{u}$를

$$\tilde{u} = u + \epsilon\eta \tag{2-19}$$

라고 표현할 수 있다. 여기에서 함수 u, η는 모든 경계조건을 만족하는 함수이고, ϵ은 임의의 변수계수이다.

변분이론에서는 $\tilde{u}$를 범함수 $I(u)$에 대입하고 범함수가 극값을 갖기 위한 필요조건

$$\delta I = \frac{\partial I}{\partial \epsilon} \delta \epsilon = 0$$

을 이용하여 근사 해를 구하였다. 여기에서 식 (2-19)의 u와 $\epsilon\eta$를 다음으로 주어지는 수열함수 u_n과 $\epsilon_n \eta_n$으로 대치하자.

$$u_n = \sum_{i=1}^{n} \alpha_i u_i \qquad (2\text{-}20)$$
$$\epsilon_n \eta_n = \sum_{i=1}^{n} \epsilon_i \eta_i$$

식 (2-20)에서 α_i는 상수이고, ϵ_i는 임의의 실수계수이며, 그리고 함수 u_i와 η_i는 경계조건을 만족하는 서로 독립적인 함수이다. 식 (2-19)에서 $\tilde{u}, u, \epsilon\eta$을 각각 $\widetilde{u_n}, u_n, \epsilon_n \eta_n$으로 대치하면

$$\widetilde{u_n} = u_n + \epsilon_n \eta_n \qquad (2\text{-}21)$$
$$= \sum_{i=1}^{n} \alpha_i u_i + \sum_{i=1}^{n} \epsilon_i \eta_i$$

$u_i, \eta_i (i = 1, n)$은 경계조건을 만족하는 선형 독립적인 함수이므로, 이 식의 우변에 있는 두 수열함수들을 정리하면 이들은 경계조건을 만족하면서 서로 선형 독립적인 수열함수 $\phi_i (i = 1, n)$의 항으로 표현될 것이다. 즉,

$$u_n + \epsilon_n \eta_n \equiv \sum_{i=1}^{n} c_i \phi_i \qquad (2\text{-}22)$$

라고 쓸 수 있다. 따라서

$$\widetilde{u_n} \equiv \sum_{i=1}^{n} c_i \phi_i \qquad (2\text{-}23)$$

식 (2-19)에서 함수 $\tilde{u}$은 ϵ의 변화로서 구해지는 것과 마찬가지로 식 (2-21)에서 α_i는 상수이므로 변수계수 ϵ_i의 변화로써 함수 $\widetilde{u_n}$을 정의할 수 있다. 따라서 식 (2-23)에서 c_i를 변수계수로 간주하는 것과 식 (2-19)에서 ϵ을, 또는 식 (2-21)에서 ϵ_i를 변수계수로 간주하는 것은 등가의 의미를 갖는다. 그러므로 근사 함수를 변분원리에 대입하여 극값을 갖기 위한 필요조건을 생각할 때, $\partial I(\widetilde{u_n})/\partial \epsilon_i$와 $\partial I(\widetilde{u_n})/\partial c_i$는 등가의 의미를 갖는다고 할 수 있다. 즉 $I(\widetilde{u_n})$은 c_i가 변수계수인 식으로 표현되어 극값을 갖기 위한 필요조건은

$$\frac{\partial I(\widetilde{u_n})}{\partial c_i} = 0,\ i = 1, n \tag{2-24}$$

이며, 이 식으로부터 결과적으로 계수 c_i에 관한 n원 일차 연립방정식이 유도된다. 이 연립방정식을 $c_i(i = 1, n)$에 대해 풀어서 c_i들을 결정하고 식 (2-23)에 대입하면 근사해 $\widetilde{u_n}$을 구할 수 있다. 이러한 과정을 거쳐서 주어진 미분방정식의 해로 구하는 것이 Ritz법인데, 식 (2-23)에서 $c_i(i = 1, n)$를 Ritz 계수(Ritz coefficient)라 하고, 함수 $\phi_i(i = 1, n)$를 좌표함수(coordinate function)라고 한다. 즉 Ritz 법에서는 주어진 경계조건을 만족하는 근사함수를 변분원리에 대입해서 이를 최소화하여 Ritz 계수를 구하는 것이라고 하겠다. Ritz 법에서는 $n \rightarrow \infty$ 일 때, 근사해 $\widetilde{u_n}$은 좌표함수, $\phi_i(i = 1, n)$가 완전(complete) 즉, 주어진 모든 경계조건을 만족하면 정해에 에너지 측면에서 수렴하는데, Ritz 법을 적용할 때 좌표함수를 올바르게 선택하면 적은 수의 함수를 갖고도 좋은 근사 해를 얻을 수 있다.

예로서 Poisson 방정식을 생각해 보자.

$$-\frac{\partial^2 u}{\partial x^2} - \frac{\partial^2 u}{\partial y^2} - f(x, y) = 0 \tag{2-25}$$

이 방정식의 근사 해를

$$u(x, y) = \sum_{i=1}^{n} u_i = \sum_{i=1}^{n} c_i \phi_i(x, y) \tag{2-26}$$

라고 가정한다. 앞으로 근사함수는 기호의 편리를 위해 '~'(tilde)를 없애기로 하고 단순히

$u(x,y)$와 같이 쓰기로 한다. 윗 식에서 $c_i(i=1,n)$는 결정해야 할 Ritz 계수이고 $\phi_i(x,y)(i=1,n)$는 경계조건을 만족하도록 적절히 선택한 함수들이다.

Poisson 방정식에 대응되는 변분원리는 경계 s_i에서 경계조건 $u=\phi(s)$가 주어져 있을 때 §2-1의 식 (E 2-5)로부터

$$I=\frac{1}{2}\int_A\left\{\left(\frac{\partial u}{\partial x}\right)^2+\left(\frac{\partial u}{\partial y}\right)^2-2f(x,y)u\right\}dxdy \tag{2-27}$$

식 (2-27)에 식 (2-26)을 대입하고 계수 c_i에 대한 변분을 취하면

$$\begin{aligned}\delta I&=\frac{\partial I}{\partial c_i}\delta c_i \\ &=\int_A\left(\frac{\partial u}{\partial x}\frac{\partial \phi_i}{\partial x}+\frac{\partial u}{\partial y}\frac{\partial \phi_i}{\partial y}-f(x,y)\phi_i\right)dxdy\delta c_i=0\end{aligned} \tag{2-28}$$

Gauss 정리를 이용하여 식 (2-28)을 변형하면

$$\begin{aligned}\delta I&=\left\{\int_s\left(\frac{\partial u}{\partial x}\phi_i dy+\frac{\partial u}{\partial y}\phi_i dx\right)-\int_A\left(\frac{\partial^2 u}{\partial x^2}+\frac{\partial^2 u}{\partial y^2}+f(x,y)\right)\phi_i dxdy\right\}\delta c_i \\ &=\left\{\begin{aligned}&\int_s\left(\frac{\partial u}{\partial x}\phi_i\cos(n,x)ds+\frac{\partial u}{\partial y}\phi_i\cos(n,y)ds\right) \\ &-\int_A\left(\frac{\partial^2 u}{\partial x^2}+\frac{\partial^2 u}{\partial y^2}+f(x,y)\right)\phi_i dxdy\end{aligned}\right\}\delta c_i\end{aligned} \tag{2-29}$$

마지막 적분 항에서 피적분식의 괄호 안은 구성방정식 (2-25)로부터 0이 되므로 식 (2-28)과 식 (2-29)를 같게 놓고 δc_i를 제거하면

$$\begin{aligned}&\int_A\left(\frac{\partial u}{\partial x}\frac{\partial \phi_i}{\partial x}+\frac{\partial u}{\partial y}\frac{\partial \phi_i}{\partial y}-f(x,y)\phi_i\right)dxdy \\ &=\int_s\left(\frac{\partial u}{\partial x}\phi_i\cos(n,x)+\frac{\partial u}{\partial y}\phi_i\cos(n,y)\right)ds\end{aligned} \tag{2-30}$$

또는

$$\int_A \left(\frac{\partial u}{\partial x}\frac{\partial \phi_i}{\partial x} + \frac{\partial u}{\partial y}\frac{\partial \phi_i}{\partial y} - f(x,y)\phi_i \right) dxdy \tag{2-31}$$

$$- \int_s \left(\frac{\partial u}{\partial x}\phi_i \cos(n,x) + \frac{\partial u}{\partial y}\phi_i \cos(n,y) \right) ds = 0$$

식 (2-31)에 식 (2-26)의 u를 대입하면 c_i에 관한 n원 연립방정식이 되고 이로부터 c_i를 결정하여 식 (2-26)에 대입해서 원하는 해를 결정하게 된다.

Ritz 법을 좀 더 자세히 이해하기 위해 몇 가지 예를 들어 보자. 미분방정식이

$$x^2\frac{d^2y}{dx^2} + 2x\frac{dy}{dx} - 6x = 0 \tag{E 3-1}$$

로 주어져 있고 경계조건이

$$y(1) = y(2) = 0 \tag{E 3-2}$$

인 문제의 근사 해를 구하려고 한다. 우선 이 경계치 문제에 관련된 범함수를 구해야 하는데 그렇게 하기 위하여 미분방정식을 다음과 같이 표현하도록 하자.

$$-\frac{d}{dx}\left(x^2\frac{dy}{dx}\right) = -6x \tag{E 3-3}$$

미분연산자 $A = -\frac{d}{dx}\left(x^2\frac{dy}{dx}\right)$는 Positive definite self-adjoint 연산자이다. 따라서 범함수는 다음과 같이 된다.

$$I = -\int_1^2 \left\{ \frac{d}{dx}\left(x^2\frac{dy}{dx}\right)y - 12yx \right\} dx \tag{E 3-4}$$

$$= -\int_1^2 \left(x^2y\frac{d^2y}{dx^2} + 2xy\frac{dy}{dx} - 12xy \right) dx$$

경계조건인 식 (E 3-2)를 만족하는 좌표함수를 하나만 택하여 근사함수를

$$y_1 = c_1(x-1)(x-2) \quad \text{(E 3-5)}$$
$$= c_1\phi_1$$

으로 쓰자. 식 (E 3-5)를 식 (E 3-4)에 대입하면

$$I(y_1) = -\int_1^2 \left\{ x^2\phi_1\left(\frac{d^2\phi_1}{dx^2}\right)c_1^2 + 2x\phi_1\frac{d\phi_1}{dx}c_1^2 - 12x\phi_1 c_1 \right\}dx$$

Ritz 법에 의하면 $dI/dc_1 = 0$이므로

$$\frac{dI}{dc_1} = -\int_1^2 \left\{ 2x^2\phi_1\left(\frac{d^2\phi_1}{dx^2}\right)c_1 + 4x\phi_1\frac{d\phi_1}{dx}c_1 - 12x\phi_1 \right\}dx = 0$$

이다.

식 (E 3-5)에서 $\phi_1 = (x-1)(x-2)$를 대입하면 c_1에 관한 방정식이

$$\left\{\left(\frac{3}{5}x^5 - 3x^4 + 5x^3 - 3x^2\right)c_1 - \left(\frac{3}{4}x^4 - 3x^3 + 3x^2\right)\right\}\Bigg|_1^2 = 0$$

로 구해지며 여기에는 c_1을 구하면 $c_1 = 1.875$이다. 따라서 이를 식 (E 3-5)에 대입하면 Ritz 법에 의한 근사 해는

$$y_1 = 1.875(x^2 - 3x + 2) \quad \text{(E 3-6)}$$

로 구해진다.

미분방정식 (E 3-1)은 Euler-Cauchy 형인 미분방정식으로 그 정해는

$$y_{ex} = \frac{6}{x} + 3x - 9 \quad \text{(E 3-7)}$$

이다. 근사해 (E 3-6)과 정해 (E 3-7)의 결과를 비교하기 위해 $x = 1.5$ 에서의 함수값을 구하면

$$y_1(1.5) = -0.469$$

$$y_{ex}(1.5) = -0.50$$

가 되어 근사 해는 어느 정도 만족하다고 볼 수 있다. 그림 2.3에 정해 (E 3-7)과 Ritz 법으로 구한 근사해 (E 3-6)를 비교하였다. 그림에서 y-exact는 정해이고 y-app는 근사 해이다. 보는 바와 같이 하나의 좌표함수를 이용해서도 비교적 만족할 만한 근사 해가 얻어졌음을 볼 수 있다.

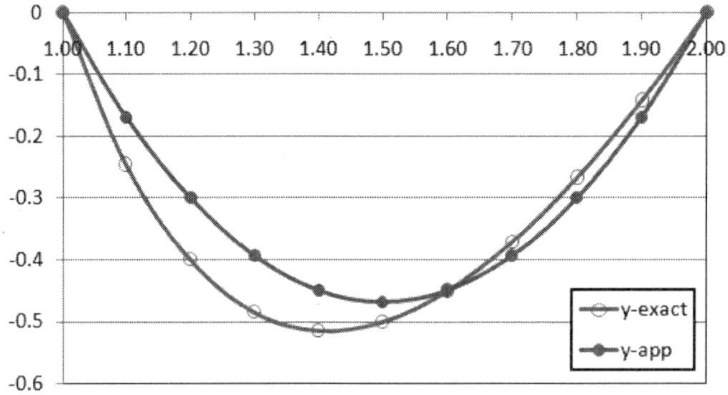

[그림 2.3]

더 좋은 근사 해를 구하려면 좌표함수의 수를 많이 하여 사용하면 된다. 다른 근사함수로서

$$y_2 = c_1(x-1)(x-2) + c_2 x(x-1)(x-2)$$

를 사용하고 앞의 과정을 거쳐서 c_1과 c_2를 결정하여, $x = 1.5$ 에서 함수값을 비교해 보면

$$y_1(1.5) = -0.50895$$

$$y_{ex}(1.5) = -0.50$$

으로 더 좋은 결과가 얻어졌다.

다음에는 보다 실질적인 문제로서 그림 2-4에서 나타난 것과 같이 중앙에 집중하중 p가 작용하는 양단 단순지지 된 보의 문제를 다루어 보자.

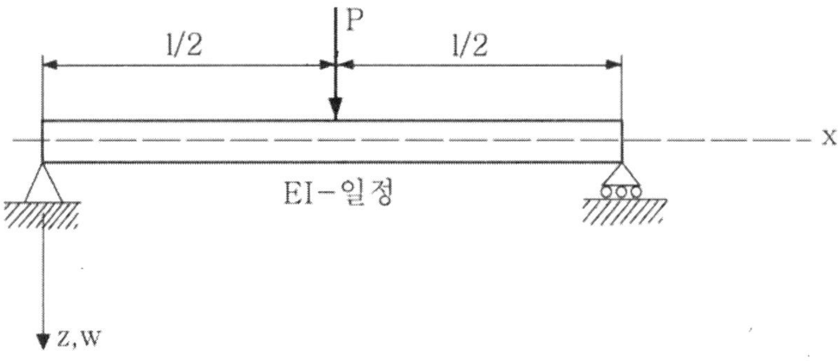

[그림 2-4] 집중하중을 받는 단순 지지보

고체역학에서 전 포텐셜 에너지(total potential energy)는 변분법에서 범함수에 대응된다. 변위가 작을 때, 즉 미소변형이론으로부터 분포하중의 세기(intensity of distributed load)를 $q(x)$라 하면 평형방정식은

$$\frac{d^2}{dx^2}\left(EI\frac{d^2w}{dx^2}\right)=q(x) \tag{E 4-1}$$

이다. 여기에서 I는 보의 단면의 중립축에 관한 관성모멘트이다. 이 문제의 경계조건은 양단이 단순지지 되어 있으므로

$$w(0)=w(l)=0 \tag{E 4-2}$$
$$w''(0)=w''(l)=0$$

이다. 식 (E 4-1)을 적분하고 경계조건들로부터 적분상수를 구하면 정해 w_{ex}는

$$w_{ex}=\frac{Pl^3}{48EI}\left\{3\left(\frac{x}{l}\right)-4\left(\frac{x}{l}\right)^3\right\},\ 0\le x\le \frac{l}{2} \tag{E 4-3}$$

과 같이 쉽게 구해진다.

이 문제에 대한 전 포텐셜 에너지를 $I(w)$라 하면

$$I(w) = \frac{EI}{2}\int_0^l \left(\frac{d^2w}{dx^2}\right)^2 dx - Pw(x)\bigg|_{x=\frac{l}{2}} \tag{E 4-4}$$

Ritz 법을 적용하기 위해서, w의 근사함수로서

$$w_{app} = c_1 \sin\frac{\pi x}{l} \tag{E 4-5}$$

를 택하면, 좌표함수는 $x=0$와 $x=l$에서의 경계조건을 모두 만족한다. 여기에서 경계조건으로 w 또는 w'가 주어졌을 때 이를 기하학적 경계조건(geometric boundary condition)이라 하고 w'' 또는 w'''가 주어졌을 때 $w''=0$, $w'''=0$는 각각 굽힘모멘트와 전단력이 0임을 의미하기 때문에 이를 힘의 경계조건(force boundary condition 또는 natural boundary condition)이라 한다. 우리가 택한 좌표함수는 기하학적 경계조건과 힘의 경계조건을 모두 만족한다.

w_{app}를 식 (E 4-4)에 대입하여 적분하면

$$I(w) = \frac{EI}{2}c_1^2\left(\frac{\pi}{l}\right)^4\frac{l}{2} - Pc_1 \tag{E 4-6}$$

이 얻어진다. $\frac{dI}{dc_1} = 0$로부터

$$EIc_1\left(\frac{\pi}{l}\right)^4\frac{l}{2} - P = 0$$

따라서 계수 c_1은

$$c_1 = \frac{2Pl^3}{\pi^4 EI}$$

이를 식 (E 4-5)에 대입하면 근사해는

$$w_{app} = \frac{2Pl^3}{\pi^4 EI} sin\frac{\pi x}{l} \tag{E 4-7}$$

식 (E 4-3)과 (E 4-7)을 비교하기 위해 아래와 같이 $x = \frac{l}{4}, \frac{l}{2}$ 에서의 처짐 량을 비교해 보았다.

표 2-1에서 보는 바와 같이 근사 해는 만족할 만하다는 것을 알 수 있다.

그러면, 다시 근사함수가 다음의 형태로 주어진 경우를 생각해보자.

$$w_{app} = c_1(x^3 - l^2 x) \tag{E 4-8}$$

[표 2-1]

		$x = l/4$	$x = l/2$
정 해	EIw_{ex}/Pl^3	0.01432	0.02083
근사해	EIw_{app}/Pl^3	0.01452	0.02053

윗 식은 기하학적 경계조건은 만족하지만 $x = l$ 에서 힘의 경계조건은 만족하지 않는다. 즉, 좌표함수가 갖추어야 할 조건을 완전히 만족하지 않는다. 이 함수를 이용하고 변분법을 적용하여 계수 c_1 을 구하면, 근사 해는

$$w_{app} = \frac{Pl^3}{32EI}\left\{\frac{x}{l} - \left(\frac{x}{l}\right)^3\right\} \tag{E 4-9}$$

와 같이 구해진다. 식 (E 4-3)과 식 (E 4-9)를 표 2-2에서 비교해 보았는데, 만족스럽지 못한 결과가 얻어졌다.

[표 2-2]

		$x = l/4$	$x = l/2$
정 해	EIw_{ex}/Pl^3	0.01432	0.02083
근사해	EIw_{app}/Pl^3	0.00732	0.01172

근사함수 식 (E 4-8)을 이용할 때, 이처럼 나쁜 결과가 얻어진 이유는 다음과 같이 설명된다. 우선은 주어진 경계조건을 완전히 만족하지 않았고, 하중상태와 기하학적 형상의 성격으로 미루어 보아 처짐은 $x = 1/2$ 에 대해 대칭이 되지 않는다.

Ritz 법을 적용한 이상의 계산결과로부터 적은 수의 좌표함수를 사용해서 좋은 결과를 얻기 위

해서는 주어진 모든 경계조건을 만족해야 함은 물론 실제문제의 기하학적 특성 등에 적합한 함수를 택해야 한다.

Ritz 법은 변분법의 일종이므로 이를 적용하여 해결할 수 있는 문제는 범함수, 즉 물리적으로는 포텐셜이 존재하는 문제라는 것을 쉽게 이해할 수 있을 것이다. Ritz 법은 여러 공학적 또는 물리적 문제해결에 유용하게 사용되기는 하지만 좌표함수를 택할 때 주어진 모든 경계조건을 만족해야 하기 때문에 복잡한 경계조건이나 기하학적 형상을 갖는 경우엔 그들을 결정하는 데 어려움이 있는 단점이 있다.

2-3 가중잔여법

2-3-1 개요

가중잔여법의 기본 개념은, Ritz 법과 마찬가지로 적절한 근사함수를 도입하여 이를 주어진 미분방정식에 대입했을 때 생기는 잔여값(residual)과 또 다른 함수의 집합인 가중함수(weighting function)와의 내적이 에너지 개념으로써 0이 되어야 한다는 개념을 이용하여 미분방정식의 근사해를 결정하는 것이다.

주어진 미분방정식이

$$Au - f = 0 \tag{2-32a}$$

이고 경계 s에서 이 미분방정식의 해가 만족해야 하는 경계조건을

$$B_r u = g_r \tag{2-32b}$$

라 하자. 식 (2-35)에서 A와 B_r는 미분연산자이다.

근사함수 $\tilde{u}$를 함수 $\phi_i (i=1,n)$의 선형결합으로서

$$\tilde{u} = \sum_{i=0}^{n} c_i \phi_i \tag{2-33}$$

와 같이 정의되는 함수 $\tilde{u}$를 도입하여 $\tilde{u}$가 결정되면 주어진 미분방정식의 근사해가 된다. 식 (2-33)에서 c_i는 미지계수이고 ϕ_i는 전체 영역의 경계에서 경계조건, 식 (2-32b)를 만족하도록 선택한 선형독립함수들인데, 이들을 시험함수(test function) 또는 좌표함수(coordinate function)라고 한다.

식 (2-33)은 근사함수이므로 이를 미분방정식에 대입하면 완전히 만족하지 않을 것이다. 따라서

$$A\tilde{u} - f = \epsilon \tag{2-34}$$

이 되는데, 여기에서 ϵ을 잔여 값이라 한다. 여기에 가중함수, $w_i(i=1,n)$을 도입하여 ϵ과의 내적을 영으로 놓는다. 즉,

$$(\epsilon, w_i) = 0 \tag{2-35}$$

이는 곧 평균적인 의미에서 근사 미분방정식 (2-34)의 잔여값 ϵ을 0으로 놓는 것과 같다. 다른 말로 설명하면 가중잔여법은 근사함수를 미분방정식에 대입했을 때 생기는 잔여 값의, 가중함수들로 이루어진 부공간(subspace)에의 상호수직투사의 개념을 이용한다.

가중잔여법은 가중함수를 어떻게 선택하느냐에 따라 Galerkin 법, 최소자승법(least square method), 부영역법(subdomain method), 그리고 배열법(collocation method)으로 분류한다.

Galerkin 법에서는 가중함수, w_i를 근사함수, 식 (2-33)을 구성하는 기본함수, 즉 시험함수와 같게 택한다. 따라서

$$(\epsilon, \phi_i) = 0, \;\; i = 1, n \tag{2-36}$$

최소자승법에서는 가중함수, w_i를 잔여값과 같게 하여 그들의 내적을 계수, c_i에 대해 최소화 조건을 만족하도록 한다. 즉

$$\frac{\partial}{\partial c_i}(\epsilon, \epsilon) = 0 \quad i = 1, n \tag{2-37}$$

부영역법에서는 가중함수로서 임의의 선형 독립된 함수의 집합을 택한다. 예를 들어서 1차원 문제에서는

$$(\epsilon, x^{i-1}) = 0, \quad i = 1, 2, \cdots \tag{2-38}$$

가 성립되도록 가중함수로서 $1,\ x,\ x^2, x^3,\ \cdots$을 택한다.

배열법에서는 배열점(collocation points)으로서 영역 내에서의 점의 집합을 택하는데, 가중함수는 이동된 Dirac delta 함수(displaced Dirac delta function)를 택한다. 즉 가중함수, w_i는

$$w_i = \delta(x - x_i) \tag{2-39}$$

따라서, 여기에서는

$$(\epsilon,\ \delta(x - x_i)) = \epsilon|x_i \tag{2-40}$$

가 되며, 잔여 값은 주어진 n개의 배열점, $x_i(i = 1, n)$에서 영이 된다.

가중잔여법에서는 변분법에서와는 달리 미분방정식에 대응되는, 범함수를 구하는 것이 아니라, 미분방정식으로부터 직접 그에 등가가 되는 방정식을 유도하여 문제를 풀기 때문에, 범함수를 구할 수 없는 문제, 즉 물리적으로 포텐셜이 존재하지 않거나 구하기 어려운 경우에도 적용할 수 있다. 예로서 유체동역학 문제에 대한 유한요소방정식을 유도할 때 Galerkin 법을 사용하는 것이 편리하다.

유한요소방정식을 정식화할 때에는 주로 Galerkin 법과 최소자승법을 많이 사용하는데 이 둘 중에서도 Galerkin 법을 주로 사용한다. 그 이유는 Galerkin 법에서는 시험함수와 가중함수를 같은 것을 택하는 편리함과 함께 가중잔여법 중에서 가장 좋은 근사해를 얻을 수 있기 때문이다.

2-3-2 Galerkin 법

Galerkin 법은 식 (2-39)의 내적이 의미하듯이 주어진 모든 경계조건을 만족하는 선형독립한 완전함수, ϕ_i로 구성된 부공간에 대한 잔여 값, ϵ의 상호수직투사의 개념을 이용한다. 근사함수, $\tilde{u}$를

$$\tilde{u} = \sum_{i=1}^{n} c_i \phi_i \tag{2-41}$$

로 정의하면 $\tilde{u}$는 n개의 상호수직 조건을 만족해야 한다. 여기에서 $\phi_i(i=1,n)$는 좌표함수이다.

식 (2-32a)에 함수 $\tilde{u}$를 대입하면

$$A\tilde{u} - f = \epsilon \tag{2-42}$$

이 식을 식 (2-36)에 대입하면

$$\begin{aligned}(\epsilon, \phi_i) &= \int_v \epsilon \phi_i dv \\ &= \int_v \left\{ A\left(\sum_{j=1}^{n} c_j \phi_j \right) - f \right\} \phi_i dv \\ &= 0, \qquad i = 1, n\end{aligned} \tag{2-43}$$

식 (2-43)을 Galerkin 적분이라 하는데, 모든 좌표함수 ϕ_i에 대해 식 (2-43)을 적용하면 결과적으로 얻어지는 미분방정식에 등가인 근사방정식은 계수 $c_i(i=1,n)$에 관한 n원 연립방정식이 되고 이로부터 c_i를 구하여 식 (2-41)에 대입하면 원하는 근사해 $\tilde{u}$가 결정된다.

Poisson 방정식을 예로 들어서 설명해 보기로 한다.

$$-\frac{\partial^2 u}{\partial x^2} - \frac{\partial^2 u}{\partial y^2} - f(x, y) = 0 \tag{2-44}$$

근사해 $\tilde{u}$를 식 (2-41)로 정의하면 잔여값 ϵ은

$$\epsilon = -\frac{\partial^2 \tilde{u}}{\partial x^2} - \frac{\partial^2 \tilde{u}}{\partial y^2} - f(x, y) \tag{2-45}$$

식 (2-36)로부터 Galerkin 적분은

$$(\epsilon,\phi_i)=\int_A \epsilon\phi_i dxdy \tag{2-46}$$

$$=-\int_A\left(\frac{\partial^2\tilde{u}}{\partial x^2}+\frac{\partial^2\tilde{u}}{\partial y^2}+f(x,y)\right)\phi_i dxdy$$

$$=0$$

Gauss정리를 이용하여 식 (2-46)를 변형하면

$$-\int_s\left(\frac{\partial\tilde{u}}{\partial x}\phi_i dy+\frac{\partial\tilde{u}}{\partial y}\phi_i dx\right)+\int_A\left(\frac{\partial\tilde{u}}{\partial x}\frac{\partial\phi_i}{\partial x}+\frac{\partial\tilde{u}}{\partial y}\frac{\partial\phi_i}{\partial y}-f(x,y)\phi_i\right)dxdy \tag{2-47}$$

$$=-\int_s\left(\frac{\partial\tilde{u}}{\partial x}\phi_i\cos(n,x)ds+\frac{\partial\tilde{u}}{\partial y}\phi_i\cos(n,y)ds\right)$$

$$+\int_A\left(\frac{\partial\tilde{u}}{\partial x}\frac{\partial\phi_i}{\partial x}+\frac{\partial\tilde{u}}{\partial y}\frac{\partial\phi_i}{\partial y}-f(x,y)\phi_i\right)dxdy$$

$$=0$$

식 (2-47)은 Ritz 법에 의해 유도한 결과 식 (2-31)과 동일하다.

일반적으로 Ritz 법과 Galerkin 법을 미분연산자가 Self-adjoint인 2계 상미분방정식에 적용하면 동일한 결과를 얻을 수 있다. 물리적으로는 포텐셜이 존재하는 모든 공학문제에 대해 Galerkin 법에 의한 결과와 Ritz 법에 의한 결과는 동일하다. Ritz 법에서 좌표함수(coordinate function)를 Galerkin 법에서와 같은 것을 사용하였을 때, Galerkin 법에서의 계수와 일치한다.

Galerkin 법은 Ritz 법 등의 변분법과는 달리 포텐셜이 존재하지 않는 문제에 대해서도 적용할 수 있지만, 변분법과 마찬가지로 복잡한 기하학적 형상과 경계조건을 갖는 문제에 대해서는 이들을 모두 만족하는 함수, ϕ_i의 결정에 어려움이 있다. 변분법과 같이 이러한 단점에도 불구하고 미분방정식에 대응되는 범함수를 구하지 않고 미분방정식을 갖고 직접 그에 등가인 방정식으로서 변수계수 c_i에 관한 연립방정식을 유도할 수 있다는 것이 변분법보다 유리한 점이다.

유한요소법에서는 요소 내에서만 정의되는 함수를 택하고 각 요소의 유한요소방정식을 구성하여 이들의 중첩으로 전체 영역의 유한요소방정식을 구성한다는 개념과 관련지어 Galerkin 법을 적용하면 선형 문제뿐만 아니라 비선형 문제, 그리고 범함수를 구하기 어렵거나 존재하지 않는 문제에 대한 유한요소방정식을 유도하는 데 광범위하게 적용할 수 있다.

Galerkin 법을 적용하는 예로서 §2-2에서 다룬 바 있는 미분방정식

$$x^2\frac{d^2y}{dx^2}+2x\frac{dy}{dx}=6x \tag{E 5-1}$$

의 근사 해를 구해 보자. 경계조건으로는

$$y(1)=y(2)=0 \tag{E 5-2}$$

이 주어져 있다.

경계조건을 만족하는 좌표함수를 하나만

$$\phi_1=(x-1)(x-2)=\left(x^2-3x+2\right) \tag{E 5-3}$$

로 택한다. 그러면, 근사함수 y_1는

$$\begin{aligned} y_1 &= c_1\phi_1 \\ &= c_1\left(x^2-3x+2\right) \end{aligned} \tag{E 5-4}$$

식 (E 5-1)에서

$$x^2\frac{d^2y_1}{dx^2}+2x\frac{dy_1}{dx}-6x=\epsilon \tag{E 5-5}$$

식 (2-46)을 이용하면

$$(\epsilon,\phi_1)=\int_1^2\left(x^2\frac{d^2y_1}{dx^2}+2x\frac{dy_1}{dx}-6x\right)\phi_1dx \tag{E 5-6}$$

윗 식에 식 (E 5-4)의 y_1을 대입하면

$$\int_1^2\left(x^2\phi_1\frac{d^2\phi_1}{dx^2}c_1+2x\frac{d\phi_1}{dx}c_1-6x\phi_1\right)dx=0 \tag{E 5-7}$$

이 식에 ϕ_1 을 대입하여 적분을 수행하여 c_1 을 구한다.

$$c_1 = 1.875$$

따라서 근사 해는 이를 식 (E 5-4)에 대입해서

$$y_1 = 1.875(x^2 - 3x + 2)$$

이를 Ritz 법에 의한 결과와 동일하다.

2-4 Ritz 법, Galerkin 법과 유한요소법

앞서 여러 번 기술한 바와 같이 유한요소법의 정식화에 Ritz 법과 Galerkin 법을 많이 사용하는데, 본 절에서는 두 방법이 유한요소법에서 어떻게 적용되는가를 설명하고 각 방법을 서로 비교해 보기로 한다.

우선 Ritz 법에 의해 유한요소방정식을 유도해 보자. Ritz 법을 다시 간단히 설명하면 탄성학에서 전 포텐셜 에너지는 변위의 항으로 표현된다. 변위 u의 근사함수를 $\tilde{u}$라 하자. 그러면 $\tilde{u}$는

$$\tilde{u} = \sum_{i=1}^{n} c_i \phi_i \tag{2-48}$$

로서 표현된다. 좌표함수, $\phi_i(i = 1\,,\, n)$는 주어진 경계조건을 모두 만족하는 서로 독립된 함수이다. 식 (2-48)에서 변수계수는 Ritz 계수이므로 전 포텐셜 에너지에 변분을 취하면

$$\delta I(\tilde{u}) = \frac{\partial I(\tilde{u})}{\partial c_i} \delta c_i = 0, \qquad i = 1, n \tag{2-49}$$

이 되고, 이 식은 Ritz 계수 c_i 들에 관한 연립방정식이 된다.

그림 2-5는 선형 삼각형 요소인데 이를 주어진 영역이라 생각한다(§3-1-2 참고). 그림에서 u_1, u_2와 u_3는 절점변위이고, $(x_1, y_1) \cdots$ 등은 절점의 좌표이다. 그러면, 각 절점에서 변위 u는

다음의 제한조건을 만족해야 한다.

$$u(x_{1,}y_1) = u_1$$
$$u(x_{2,}y_2) = u_2$$
$$u(x_{3,}y_3) = u_3 \quad (2\text{-}50)$$

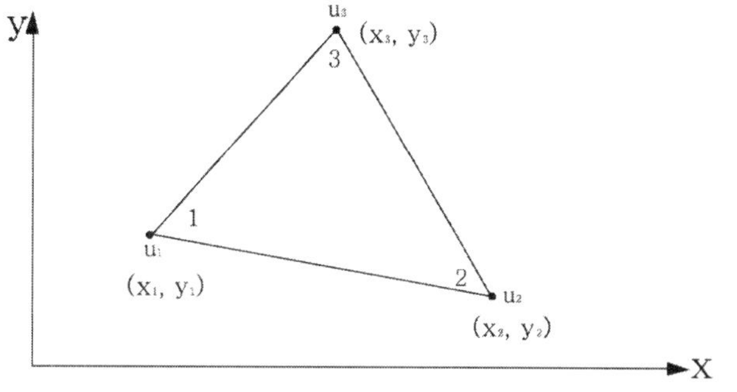

[그림 2-5] 선형 삼각형 요소

변위 u의 근사함수 $\tilde{u}$를

$$\tilde{u}(x, y) = \sum_{i=1}^{3} c_i \phi_i(x, y) \quad (2\text{-}51)$$

라고 정의한다. 여기에서 $c_i (i = 1, 3)$는 미지의 계수이고 $\phi_i(x, y)(i = 1\ ,\ 3)$는 기지의 x와 y의 함수이다.

식 (2-50)을 그림 2-4의 삼각형 영역에서 변위함수 식 (2-51)이 절점들에서 만족해야 하는 경계조건이라 할 때 다음의 관계가 성립해야 한다.

$$\tilde{u}(x_1, y_1) = \sum_{i=1}^{3} c_i \phi_i(x_1, y_1) = u_1$$
$$\tilde{u}(x_2, y_2) = \sum_{i=1}^{3} c_i \phi_i(x_2, y_2) = u_2$$
$$\tilde{u}(x_3, y_3) = \sum_{i=1}^{3} c_i \phi_i(x_3, y_3) = u_3 \quad (2\text{-}52)$$

이 식에서 u_1, u_2와 u_3, 그리고 $\phi_i(x_1, y_1) \cdots$ 등은 기지의 값이므로 식 (2-52)는 미지의 계수 c_i에 관한 3원 연립방정식이 된다. 이 방정식을 c_i에 대해 풀면 c_i들은 u_1, u_2와 u_3의 항으로 표현될 것이다. 즉,

$$c_i = h_i(u_1, u_2, u_3) \tag{2-53}$$

식 (2-53)의 계수 c_i를 식 (2-51)에 대입하면 함수 $\tilde{u}$는 절점범위 u_1, u_2와 u_3의 항으로 표현된다. 이를 u_1, u_2와 u_3에 대해 정리하면

$$\tilde{u}(x,y) = N_1 u_1 + N_2 u_2 + N_3 u_3$$

또는

$$\tilde{u}(x,y) = \sum_{i=1}^{3} N_i u_i \tag{2-54}$$

와 같이 쓸 수 있다. 식 (2-54)의 함수 N_i들은 경계조건인 식 (2-50)을 만족하도록 결정하였으므로 Ritz 법에서의 좌표함수에 대응되고, 또한 절점변위 u_i가 Ritz 계수에 대응이 된다. 따라서, 절점범위 u_i에 대해 전 포텐셜 에너지에 변분을 취하면 된다.

$$\delta I(\tilde{u}) = \frac{\partial I(\tilde{u})}{\partial u_i} \delta u_i = 0, \quad i = 1,3 \tag{2-55}$$

이 식은 결과적으로 Ritz 법에서와 마찬가지로 절점범위 u_i에 관한 연립방정식이 된다. 유한요소법에서 식 (2-54)의 함수 N_i를 형상함수라 한다.

이상으로부터 식 (2-48), (2-49)와 (2-54), (2-55)을 비교해 보면 좌표함수와 형상함수 사이의 유사성을 발견할 수 있고, 유한요소법에서는 근사함수에서 미지의 변수계수가 영역변수의 절점값이고, 이는 Ritz 법에서의 Ritz 계수에 해당됨을 알 수 있다. 따라서 결국 최종적인 연립방정식에서 미지의 계수, 즉 근사해가 영역변수의 절점 값으로 구해진다. 만일 요소의 절점계수가 r개 이면 r개의 제한조건이 식 (2-50)처럼 주어져서 형상함수의 수는 r개가 된다.

식 (2-54)은 하나의 요소에 대한 것인데 요소의 절점수를 r라 하고 이를 다시

$$\tilde{u}(x,y) = \sum_{i=1}^{r} N_i u_i^{(e)} \tag{2-56}$$

라고 쓰자. 상첨자 (e)는 요소의 번호를 나타낸다. 영역 전체에 걸쳐서 정의될 근사함수는 각 요소의 근사함수인 식 (2-56)을 모든 요소에 대해 중첩하여 구해지는데, 근사함수를 요소 내에서 정의하였기 때문에 이들의 중첩으로 구해지는 전영역에 대한 근사함수는 부분연속함수(piecewise continuous function)가 된다. 전체 영역이 N개의 요소로 구성되어 있다고 하면 전체 영역에 대한 근사함수 $\tilde{U}$는

$$\begin{aligned} \tilde{U}(x,y) &= \sum^{N} u(x,y) \\ &= \sum^{N}\left(\sum_{i=1}^{r} N_i u_i^{(e)}\right) \end{aligned} \tag{2-57}$$

으로 정의한다. 이를 다시 정리하면

$$\tilde{U}(x,y) = \sum_{j=1}^{M} \Phi_j U_j \tag{2-58}$$

의 형태로 유도되는데, 여기서 M은 전체 시스템의 거동을 나타내는 미지수의 수, 즉 전체 시스템의 자유도(total degree of freedom)이다 전 포텐셜 에너지의 식인 식 (2-49)에서 $\tilde{u}$와 c_i대신 $U(x,y)$와 U_j로 대치하면

$$\frac{\partial I(U)}{\partial U_j} = 0 \tag{2-59}$$

이 된다. 이 식은 전체 영역에 대한 유한요소방정식으로서 영역변수의 절점값 $U_j(j=1, M)$에 관한 연립방정식이 된다. 식 (2-58)의 근사함수 U는 전체 영역에서 주어진 경계조건을 만족하는 함수가 아니므로 전체 영역에서 주어진 경계조건을 이용하여 식 (2-59)에서 구해지는 연립방정식을 변형하고 이를 풀어서 절점 값 $U_j(j=1, M)$를 결정한다. 즉, 전체영역에서 근사함수 $\tilde{U}$의 절

점 값이 결정된다.

이상과 같이 Ritz. 법으로 유한요소방정식을 유도할 때 전체 영역에 결쳐서 경계조건을 만족하는 근사함수를 택하지 않고, 개개의 요소에서만 주어진 조건을 만족하는 근사함수를 택하여 전체 요소에 대해 이들을 중첩하여 영역변수의 절점값에 관한 연립방정식을 구성하고 이로부터 미분방정식의 해를 절점에서의 값으로 구한다.

실제로는 유한요소법에서 식 (2-63)이나 식 (2-65)를 구하기보다는 전체 영역의 포텐셜 에너지를 요소의 포텐셜 에너지의 중첩으로는 간주하는 것이 편리하다. 즉,

$$I = \sum^{N} I^{(e)} \tag{2-60}$$

여기에서, $I^{(e)}$는 요소 (e)의 포텐셜 에너지이다. 양변에 변분을 취하면

$$\begin{aligned} \delta I &= \delta\left(\sum^{N} I^{(e)}\right) \\ &= \sum^{N}\left(\delta I^{(e)}\right) \end{aligned}$$

여기에서, $\delta I^{(e)} = \dfrac{\partial I^{(e)}}{\partial u_i^{(e)}} \delta u_i (i = 1, r)$이므로

$$\delta I = \sum^{N}\left(\frac{\partial I^{(e)}}{\partial u_i^{(e)}} \delta u_i^{(e)},\ \ i = 1, r\right) = 0$$

또는

$$\sum^{N}\left(\frac{\partial I^{(e)}}{\partial u_i^{(e)}},\ \ i = 1, r\right) = 0 \tag{2-61}$$

이 되는데, 이는 곧 전체 영역의 유한요소방정식은 각 요소의 것을 중첩해서 얻어진다는 것을 의미한다.

이상의 과정을 간단히 기술하면 Ritz 법을 유한요소법에 적용할 때 유한요소법에서 요소 내에

서 정의한 형상함수와 영역변수에 절점 값을 Ritz 법에서에 좌표함수와 Ritz 계수로 각각 간주하여 변분법의 과정을 거쳐서 영역변수의 절점 값을 구한다.

그러면 Galerkin 법에 의해 유한요소방정식을 유도하는 것을 설명해 보자. Galerkin 법에서는 근사함수, $\tilde{u}$를

$$\tilde{u} = \sum_{i=1}^{n} c_i \phi_i \tag{2-62}$$

라 하고, 이를 미분방정식 $Au - f = 0$에 대입하면

$$A\tilde{u} - f = \epsilon \tag{2-63}$$

으로 잔여 값이 발생한다. 그래서 ϵ과 ϕ_i와의 내적이 0이 되도록 하는 $\tilde{u}$를 구한다. 즉,

$$(\epsilon, \phi_i) = 0, \qquad i = 1, n \tag{2-64}$$

으로 하며 여기에서 계수 c_i를 구하고 이를 식 (2-62)에 대입하면 미분방정식의 근사해가 구해진다.

유한요소법에 이용할 때 근사함수를 식 (2-54)로 하여, 형상함수와 영역변수의 절점 값이 좌표함수와 계수 c_i에 대응되고, 가중계수로서 형상함수를 택하면 된다.

전체 영역에 대한 근사함수를 Ritz 법에 의한 과정과 마찬가지로 식 (2-58)로 하면 이를 식 (2-63)에 대입해서

$$\begin{aligned} \epsilon &= A\tilde{U} - f \\ &= A\left(\sum_{j}^{M} \Phi_j U_j\right) - f \end{aligned} \tag{2-65}$$

가 되며, 따라서 식 (2-64)으로부터

$$(\epsilon, \Phi_j) = 0, \qquad i = 1, M \tag{2-66}$$

이 된다. 이 식은 결과적으로 영역변수의 절점값 $U_j(j=1, M)$에 관한 연립방정식이 된다. 이 식을 경계조건을 이용하여 변형하고 그 해를 구하면, 근사 해로서 영역변수의 절점 값이 구해진다.

Ritz 법을 적용할 때와 마찬가지로 근사함수로서 식 (2-58)를 사용하지 않고 각 요소 내에서 정의된 식 (2-54)를 이용하여 각 요소의 유한요소방정식을 구하고, 이들을 중첩하여 전체 영역에 대한 방정식을 구성하는 것이 편리하다.

요소 (e)에 대한 근사함수를 식 (2-56)으로 정의하면 식 (2-63)에서 잔여 값은

$$\begin{aligned}\epsilon^{(e)} &= Au - f \\ &= A\left(\sum_{i=1}^{r} N_i u_i^{(e)}\right) - f\end{aligned} \tag{2-67}$$

이고, 따라서 식 (2-64)에서 가중함수로서 형상함수를 택하면

$$\left(\epsilon^{(e)}, N_j\right) = 0, \qquad j = 1, r \tag{2-68}$$

따라서 전체 요소에 대해 이상의 과정을 수행하면, 전체 영역에 대한 식은

$$\sum^{N}\left\{\left(\epsilon^{(e)}, N_j^{(e)}\right),\ j = 1, r\right\} = 0 \tag{2-69}$$

이 된다.

Ritz 법이나 Galerkin 법에 의해 유한요소방정식을 구성하여 이를 풀어서 영역변수의 절점 값이 구해졌을 때 요소 내부의 임의의 점에서 영역변수의 값을 구하고자 하려면 식 (2-56)을 이용하면 된다. 그 점이 $P(x_p, y_p)$면, P점에서의 영역변수의 값은 좌표 값을 식 (2-56)에 대입해서

$$u(x_p, y_p) = \sum_{i=1}^{r} N_i(x_p, y_p) u_i^{(e)} \tag{2-70}$$

여기에서 함수 N_i와 절점값 $u_i^{(e)}$는 이미 아는 값이다.

본 절에서는 Ritz 법과 Galerkin 법에 의한 유한요소법의 정식화 과정을 기술하였는데, 실제 문제에 대해 보다 자세한 것은 3장에서 선형 형상함수의 설명과 함께 언급하였다.

2-5 요약

본장에서는 변분법과 가중잔여법에 대해 설명하였고, 또한 두 방법을 유한요소법과 관련지어 설명하였다. 변분법과 가중잔여법의 내용을 충분히 이해하고, 유한요소법의 개념과 연관 지으면 그들에 의해 유한요소방정식을 유도하는 과정을 쉽게 이해할 수 있을 것이다.

Ritz 법과 Galerkin 법은 변분법과 가중잔여법 중에서 유한요소법을 정식화할 때 흔히 적용되는 방법인데, 유한요소법에서 형상함수가 두 방법에서의 좌표함수에, 그리고 영역변수의 절점 값이 Ritz 계수와 Galerkin 법에서 근사함수의 미지의 계수에 대응된다고 간주하여, Ritz 법 또는 Galerkin 법의 과정을 적용하여 주어진 미분방정식에 등가인 유한요소방정식을 구성한다. 이 방정식은 통상 미지의 영역변수의 절점 값에 관한 선형연립방정식이 되며, 이를 경계조건을 이용하여 변형하고, 그 해를 구하면 영역변수의 근사해가 절점에서의 값으로 얻어진다.

3장의 내용은 본장의 내용을 보다 구체적으로 다룬 것이므로 3장을 공부하고 2장을 복습하면 다른 근사해법과 유한요소법 사이의 차이점과 유사성 및 그 관련성을 좀 더 명확히 알 수 있을 것이다.

참고로 표 2-3에 유한요소법과 Ritz 법 및 Galerkin 법에 대한 비교를 보였다.

[표 2-3] 유한요소법과 Ritz 법 및 Galerkin 법의 비교

항목	Ritz 법, Galerkin 법	유한요소법
사용하는 함수	기저함수 또는 좌표함수	형상함수
사용하는 함수가 만족할 조건	주어진 모든 경계조건	요소 내에서 절점 값에 관한 조건
미지수	계수	영역변수의 절점 값
적용	전체 영역의 기하학적 형상과 경계조건을 수학적으로 표현할 수 있는 문제에만 적용이 가능함.	요소 하나에만 관심을 두면 되기 때문에 전체 영역의 기하학적 형상이나 경계조건의 복잡성과 상관없이 적용이 가능함.

제3장

선형요소

2장에서는 유한요소법을 정식화하기 위하여 필요한 변분법과 가중잔여법, 그리고 이들과 유한요소법과의 관련성을 설명하였다. 이미 설명한 대로 Ritz 법과 Galerkin 법에서 주어진 경계조건을 만족하는 근사함수를 도입하는 것과 마찬가지로 유한요소방정식을 유도하기 위해서는 요소 내에서 정의되는 부분연속함수(piecewise continuous function)의 도입이 필요하다.

본장에서는 유한요소법의 정식화에서 필요한 형상함수 중에서 간단한 선형요소의 형상함수와 그에 관련된 내용을 설명하였다. 이를 이용해서 2장에서 설명한 Ritz 법과 Galerkin 법에 의한 유한요소법의 정식화 과정은 5장에서 다루기로 한다.

3-1 보간다항식

유한요소법은 요소라 불리는 유한개의 부영역(subdomain)에서 정의되는 부분연속함수의 집합으로 구성된 분리된 형태로서 연속함수를 근사적으로 표현한다는 개념에 기초를 두고 있다. 가장 널리 사용하는 요소의 근사함수의 형태는 다항식(polynominals)이다. 유한요소는 그 요소에서 사용하는 다항식의 차수(order of polynominals)에 따라 단순요소(simplex element), 복잡요소(complex element), 그리고 복합요소(multiplex element)로 크게 나눈다.

단순요소는 가장 간단하고 기본이 되는 요소로서 이 요소의 형상함수는 상수항에 선형다항식을 더한 형식으로 되어 있다. 다항식의 계수의 수는 좌표의 차원(dimension of coordinate)에 1을 더한 것과 같다. 예로서 다항식

$$\phi = \alpha_1 + \alpha_2 x + \alpha_3 y \tag{3-1}$$

는 2차원 삼각형 요소 중에서 단순요소의 형상함수를 구하기 위한 다항식이다. 좌표의 차원은 2이고 여기에 1을 더한 것은 다항식의 계수의 수인 3과 같다. 이와 같은 단순요소를 선형요소라 한다.

복잡요소는 상수와 선형 다항식에 2차, 3차의 고차 항을 필요한 만큼 부가한 형식으로 되어 있다. 이를 고차요소라 한다. 복잡요소의 형상은 단순요소와 같을 수도 있지만 요소의 경계선, 즉 변에서 절점을 갖고, 또 요소 내에서도 절점을 가질 수 있다. 단순요소와 복잡요소의 기본적인 차이는 복잡요소에서 절점 수는 단순요소에서의 절점수보다 [좌표계의 차원+1]만큼 더 많다는 점이다.

2차원 복잡 삼각형 요소의 형상함수의 보간다항식(interpolation polynominal)은

$$\phi = \alpha_1 + \alpha_2 x + \alpha_3 y + \alpha_4 x^2 + \alpha_5 xy + \alpha_6 y^2$$
$$\phi = \alpha_1 + \alpha_2 x + \alpha_3 y + \alpha_4 x^2 + \alpha_5 xy + \alpha_6 y^2 + \alpha_7 x^3 + \alpha_8 x^2 y + \alpha_9 xy^2 + \alpha_{10} y^3 \tag{3-2}$$

등의 형태를 갖는다.

복합요소 역시 고차항을 포함하는 다항식을 사용하나 요소 사이의 연속조건을 만족하기 위해서는 요소의 경계가 좌표축에 평행하게 되어야 한다. 단순요소와 복잡요소에서는 이러한 제한은 없다. 그림 3-1에서 보간 다항식이

$$\phi = \alpha_1 + \alpha_2 x + \alpha_3 y + \alpha_4 xy \tag{3-3}$$

인 복합요소를 보여 주고 있다.

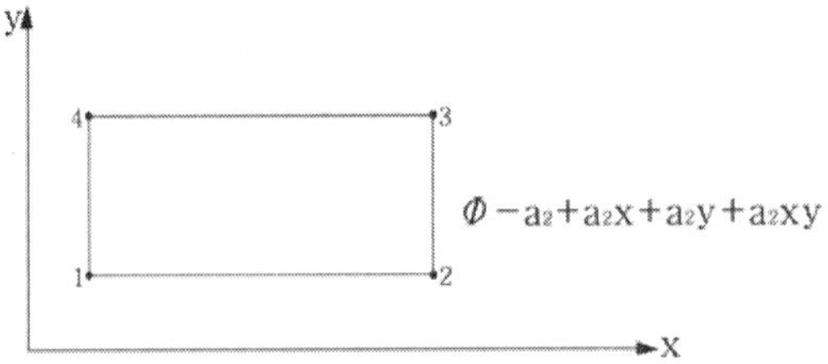

[그림 3-1] 직사각형 요소
: 2차원 복합요소

일반적으로 형상함수를 다항식의 형태로 나타낼 때 상수항을 포함한 항의 수는 요소의 절점 수에 절점 당 자유도(degree of freedom)를 곱한 수, 즉 요소의 자유도 수와 같아야 한다. 2차원 1자유도 문제에 대해 형상함수를 보간 다항식에서 구하는 과정과 그 다항식의 수가 요소의 전 자유도와

같아야 한다는 사실을 밝혀 보기로 하자.

요소의 절점수가 r라 하면 1자유도 문제이므로 요소의 전 자유도는 r이다. 여기에서 변수 ϕ를 p개의 항을 갖는 보간 다항식으로 정의한다.

$$\begin{aligned}\phi(x,y) &= \alpha_1 f_1 + \alpha_2 f_2 + \cdots + \alpha_p f_p \\ &= \{f\}^T\{\alpha\}\end{aligned} \tag{3-4}$$

여기에서

$$\{f\} = [f_1\, f_2\, \cdots\, f_p]^T$$
$$\{\alpha\} = [\alpha_1\, \alpha_2\, \cdots\, \alpha_p]^T$$

이고 함수 $f_{1,}f_2 \cdots f_p$는 x와 y의 함수로서 알고 있는 함수이다. r개의 절점에서 절점좌표와 변수의 절점 값이 주어져 있다면 식 (3-4)를 이용해서 다음과 같은 식을 유도할 수 있다.

$$\begin{aligned}\phi_1 &= \phi(x_{1,}y_1) = \alpha_1 f_1(x_{1,}y_1) + \alpha_2 f_2(x_{1,}y_1) + \cdots + \alpha_p f_p(x_{1,}y_1) \\ \phi_2 &= \phi(x_{2,}y_2) = \alpha_1 f_1(x_{2,}y_2) + \alpha_2 f_2(x_{2,}y_2) + \cdots + \alpha_p f_p(x_{2,}y_2) \\ &\vdots \\ \phi_r &= \phi(x_{r,}y_r) = \alpha_1 f_1(x_{r,}y_r) + \alpha_2 f_2(x_{r,}y_r) + \cdots + \alpha_p f_p(x_{r,}y_r)\end{aligned} \tag{3-5}$$

여기에서 $\phi_1 \cdots \phi_r$은 변수 ϕ의 절점 값이고, $(x_{1,}y_1) \cdots (x_{r,}y_r)$은 절점좌표이다. 식 (3-5)를 행렬식으로 쓰면

$$\begin{Bmatrix}\phi_1 \\ \phi_2 \\ \vdots \\ \phi_r\end{Bmatrix} = \begin{bmatrix} f_1(x_{1,}\ y_1)\ f_2(x_{1,}\ y_1) \cdots\cdots f_p(x_{1,}\ y_1) \\ f_1(x_{2,}\ y_2)\ f_2(x_{2,}\ y_2) \cdots\cdots f_p(x_{2,}\ y_2) \\ \vdots \qquad\qquad \vdots \\ f_1(x_{r,}\ y_r)\ f_2(x_{r,}\ y_r) \cdots\cdots f_p(x_{r,}\ y_r)\end{bmatrix} \begin{Bmatrix}\alpha_1 \\ \alpha_2 \\ \vdots \\ \alpha_r\end{Bmatrix}$$

또는 간단하게

$$\underset{r\times 1}{\{\phi^{(e)}\}} = \underset{r\times p}{[A]}\underset{p\times 1}{\{\alpha\}} \tag{3-7a}$$

여기에서 행렬$[A]$는 $(r \times p)$인 직사각형 행렬인데 $r \neq p$ 이면 $[A]$의 역이 존재하지 않아서 계수$\{\alpha\}$를 결정할 수 없다. 따라서 계수 $\{\alpha\}$를 구하려면 $[A]$의 역이 존재해야 한다. 즉 $r=p$ 이어야 한다. 이는 곧 보간 항식의 항의 수가 요소의 자유도 수와 같아야 함을 의미한다. $r=p$ 라 하고 식 (3-7 a)를 계수$\{\alpha\}$에 대해 풀면

$$\{\alpha\}=[A]^{-1}\{\phi^{(e)}\} \tag{3-7 b}$$

계수$\{\alpha\}$의 식을 식 (3-4)에 대입하면 변수 ϕ는

$$\phi(x, y)=\{f\}^T[A]^{-1}\{\phi^{(e)}\} \tag{3-8}$$

또는, 이 식을 정리하면

$$\phi(x, y)=[N]\{\phi^{(e)}\} \tag{3-9}$$

가 된다. 윗 식에서 행렬 $[N]$의 각 성분을 형상함수라 한다.

다항식을 이용해서 형상함수를 구하는 과정은 이와 같지만, 이상의 계산 과정은 요소의 자유도 수가 증가하면 상당히 복잡한 과정을 거쳐야 하기 때문에 컴퓨터 프로그램을 이용하여 계산하게 된다.

3-1-1 1차원 선형요소

1차원 선형요소는 길이가 l이고 그 양단에서 각각 절점을 갖는 2절점 선요소(line element)이다(그림 3-2). 절점을 각각 i와 j, 절점에서의 영역변수ϕ의 값을 ϕ_i와 ϕ_j라고 한다.

그림 3-2에서 보는 바와 같이 절점 하나에 대해서 영역변수가 하나인데, 이런 경우를 1자유도 문제(on degree of freedom problem)라 한다. 일반적으로 3차원 공간에서는 6자유도인데, 경우에 따라 6자유도 이상의 문제가 될 수도 있다. 대개의 경우 2자유도 이상의 다자유도 문제(multi-degree of freedom problem)이지만, 여기에서는 유한요소법의 정식화 과정을 쉽게 이해할 수 있도록 1자유도 문제를 먼저 다루고 §3-2에서 다자유도에 대한 내용을 설명하였다.

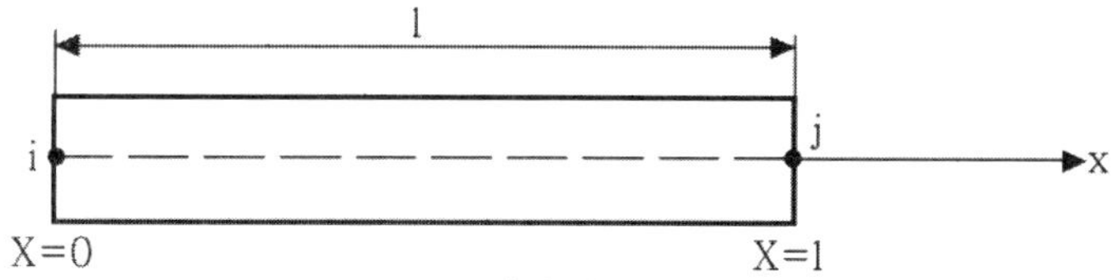

(a) 1차원 선형 요소

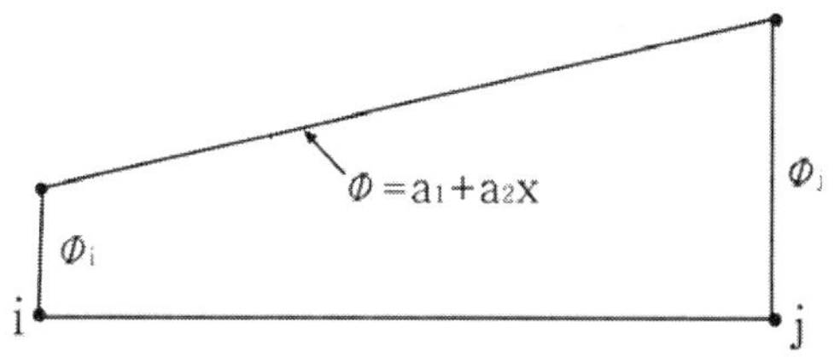

(b) 영역 변수의 분포

[그림 3-2]

좌표계의 원점은 그림 3-2(a)에서와 같이 절점 i에 일치시키고 x축은 요소의 길이 방향으로 한다. 영역변수 ϕ의 다항식은 요소의 자유도 수가 2이므로 두 개의 항으로서

$$\phi(x) = \alpha_1 + \alpha_2 x \tag{3-10}$$

로 정의 한다. 이 식을 이용하여 형상함수를 구하는 과정은 앞에서 설명한 것과 같다. 절점 i와 j에서

$$\begin{aligned} \phi(0) &= \phi_i \\ \phi(l) &= \phi_j \end{aligned} \tag{3-11}$$

가 주어져 있으므로 식 (3-10)을 이용하면

$$\begin{aligned} \phi(0) &= \alpha_1 \qquad\quad = \phi_i \\ \phi(l) &= \alpha_1 + \alpha_2 l = \phi_j \end{aligned}$$

이 식에서 α_1과 α_2를 구하면

$$\alpha_1 = \phi_i, \qquad \alpha_2 = \frac{1}{l}(\phi_j - \phi_i)$$

이 α_1과 α_2의 값을 식 (3-10)에 대입하여 정리하면

$$\phi(x) = (1 - \frac{x}{l})\phi_i + (\frac{x}{l})\phi_j \tag{3-12}$$

이를 다시 다음과 같이 표현할 수 있다.

$$\begin{aligned} \phi &= N_i\phi_i + N_j\phi_j \\ &= [N]\{\phi^{(e)}\} \end{aligned} \tag{3-13}$$

여기에서

$$[N] = [N_i \; N_j] = \left[(1 - \frac{x}{l}) \; \frac{x}{l}\right]$$

$$\{\phi^{(e)}\} = [\phi_i \; \phi_j]^T$$

식 (3-13)에서 N_i와 N_j 가 이 요소의 형상함수(shape function)이다. 이를 때로는 보간 수 (interpolating function)라 부른다. 함수 $[N]$ 을 형상함수라고 하는 것은 이 함수가 요소 내에서 영역변수의 분포형상 또는 요소의 기하학적 형상을 나타내기 때문이고, 보간 수라고 하는 것은 절점이 아닌 요소의 경계 위에서 또는 요소의 내부에서 영역변수의 값을 절점 의 보간으로 구할 수 있기 때문이다. 또한, 식 (3-10)이 의미하듯이 ϕ가 요소 내에서 선형적으로 변화하므로 선형요소라 한다. 정리하자면 일반적으로 형상함수는 변위, 온도 또는 좌표 등 어떤 물리량의 요소 내에서의 분포와 그 물리량의 절점에서의 값들 즉, 절점값 사이의 관계를 나타내는 함수들의 집합이다. 앞으로는 절점 β에 관계되는 형상함수를 절점의 첨자와 관련지어서 N_β라고 표기한다.

식 (3-13)의 형상함수 $N_i = 1 - x/l$ 을 살펴보자. 절점i에서 $x = 0$이므로 $N_i = 1$이고, 절점j에서 $x = l$이므로 $N_i = 0$이다. 마찬가지로 $N_j = x/l$ 도 절점i에서 0이고 절점j에서 1이다. 이는 형상함수의 기본적인 성질인데, 일반적으로 형상함수 N_β는 절점 β에서 값이 1이고, 절점 β를 제외한 다른 모든 절점에서는 0이 된다. 이를 수식으로 표현하면 1차원 문제의 형상함수는

$$N_\beta(x_k) = \begin{cases} 1 & k = \beta \text{ 일 때} \\ 0 & k \neq \beta \text{ 일 때} \end{cases} \tag{3-14 a}$$

이 식은 Kronecker delta δ 로 표현하면

$$N_\beta(x_k) = \delta_{\beta k} \qquad (3\text{-}14\ b)$$

x_k는 절점k의 좌표이고, Kronecker delta는

$$\delta_{ij} = \begin{cases} 1 & i = j \text{ 일 때} \\ 0 & i \neq j \text{ 일 때} \end{cases}$$

로 정의된다. 식 (3-14)는 유한요소법에서 모든 형상함수에 대해 성립하여서 일반적으로 형상함수 N_β는 절점 β에서 1이고, 다른 모든 절점에서 0이 된다. 형상함수 N_i와 N_j를 그림 3-3에 나타내었다.

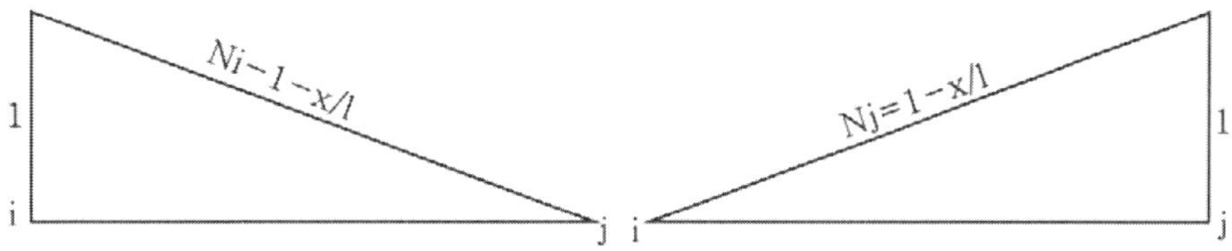

[그림 3-3] 1차원 선형요소의 형상함수

식 (3-13)을 이용하는 예를 생각해 보자. 1차원 선형요소는 핀 내의 온도분포를 근사적으로 구할 때 사용된다. 그림3-4에서 절점 i와 j에서의 온도는 각각 120℃ 와 90℃ 이다. 요소의 길이는 $4.5cm$이고 절점 i에서 $2.5cm$떨어져 있는 점 p에서의 온도 ϕ_p와 요소 내의 온도변화율(temperature gradient)를 결정해 보자.

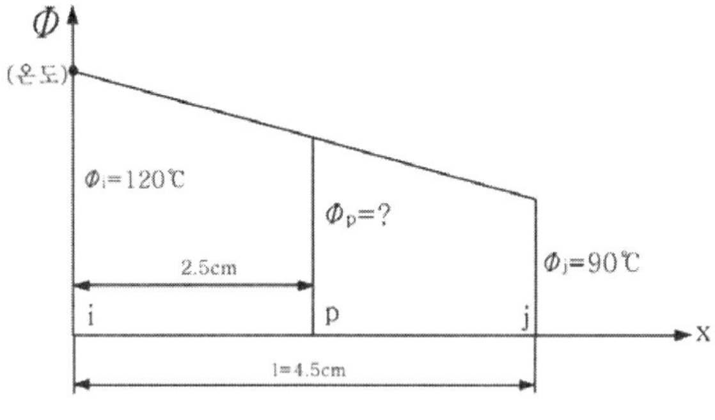

[그림 3-4]

요소 내의 온도 ϕ는 식 (3-13)에서

$$\phi = (1 - \frac{x}{l})\phi_i + (\frac{x}{l})\phi_j$$

로 주어진다. $x = x_p = 2.5cm$, $\phi_i = 120℃$, $\phi_j = 90℃$, $l = 4.5cm$를 대입하면

$$\phi_p = \phi(x_p) = (1 - \frac{2.5}{4.5})120 + (\frac{2.5}{4.5})90$$

$$= 53.33 + 50$$

따라서 점p의 온도$\phi_p = 103.33℃$ 이다. 온도의 변화율은

$$\frac{d\phi}{dx} = -\frac{1}{l}\phi_i + \frac{1}{l}\phi_j$$

$$= \frac{1}{l}(\phi_j - \phi_i)$$

가 되어 요소 전체에서 일정하다. 즉, 1차원 선형 요소에서 영역변수의 구배 $d\phi/dx$는 일정하다. 윗 식에 l, ϕ_i와 ϕ_j를 대입하면

$$\frac{d\phi}{dx} = \frac{90 - 120}{4.5} = -6.67(℃/cm)$$

다른 방법으로써 ϕ_p를 보간법에 의해 구해보자.

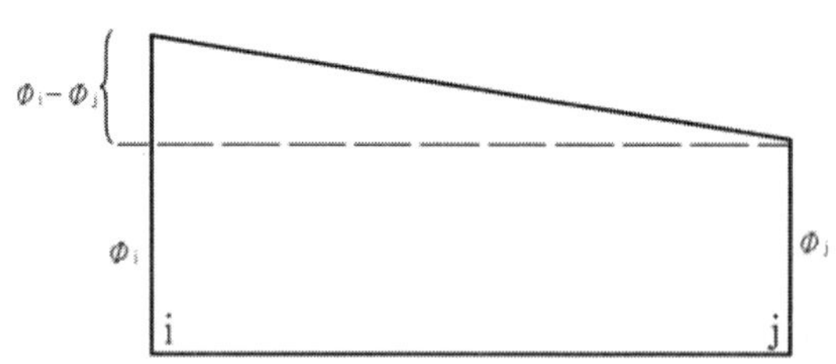

[그림 3-5]

그림 3-5에서 ϕ_p는 ϕ_i와 ϕ_j의 보간으로 다음과 같이 정의된다.

$$\phi_p = \phi_i + (\frac{\phi_j - \phi_i}{l})x$$

여기에 ϕ_i, ϕ_j와 l 및 $x = 2.5$를 대입하면

$$\begin{aligned}\phi_p &= 120 + \frac{90-120}{4.5} \times 2.5 \\ &= 120 + (-16.67) \\ &= 103.33(℃)\end{aligned}$$

즉, 보간법에 의한 결과가 형상함수를 이용한 결과와 같다.

이 예로부터 식 (3-13)의 형상함수를 보간함수라고도 부르는 이유를 이해하리라 생각된다.

3-1-2 2차원 선형요소

2차원 선형요소는 그림 3-6의 삼각형 요소(triangular element)이다. 요소의 모든 변은 직선이고 꼭지점에서 절점을 갖는 3절점 요소이다. 절점에서의 영역변수 ϕ의 값을 각각 ϕ_i, ϕ_j, ϕ_k라 하고 절점좌표를 (x_i, y_i), (x_j, y_j), (x_k, y_k) 라 한다. 이 요소의 보간 다항식은 요소의 자유도 수가 3이므로 3개의 항으로 정의된다.

$$\phi(x, y) = \alpha_1 + \alpha_2 x + \alpha_3 y \tag{3-15}$$

절점에서 영역변수 ϕ는

$$\begin{aligned}\phi(x_i, y_i) &= \phi_i \\ \phi(x_j, y_j) &= \phi_j \\ \phi(x_k, y_k) &= \phi_k\end{aligned} \tag{3-16}$$

를 만족해야 하므로 식 (3-15)에서

$$\alpha_1 + \alpha_2 x_i + \alpha_3 y_i = \phi_i \tag{3-17 a}$$

$$\alpha_1 + \alpha_2 x_j + \alpha_3 y_j = \phi_j$$

$$\alpha_1 + \alpha_2 x_k + \alpha_3 y_k = \phi_k$$

행렬식으로 쓰면

$$\begin{bmatrix} 1 & x_i & y_i \\ 1 & x_j & y_j \\ 1 & x_k & y_k \end{bmatrix} \begin{Bmatrix} \alpha_1 \\ \alpha_2 \\ \alpha_3 \end{Bmatrix} = \begin{Bmatrix} \phi_i \\ \phi_j \\ \phi_k \end{Bmatrix} \tag{3-17 b}$$

여기에서 $\alpha_1, \alpha_2, \alpha_3$ 를 구하면

$$\alpha_1 = \frac{1}{2A}\{(x_j y_k - x_k y_j)\phi_i + (x_k y_i - x_i y_k)\phi_j + (x_i y_j - x_j y_i)\phi_k\} \tag{3-18 a}$$

$$\alpha_2 = \frac{1}{2A}\{(y_j - y_k)\phi_i + (y_k - y_i)\phi_j + (y_i - y_j)\phi_k\}$$

$$\alpha_3 = \frac{1}{2A}\{(x_k - x_j)\phi_i + (x_i - x_k)\phi_j + (x_j - x_i)\phi_k\}$$

가 되고, A는 삼각형의 면적으로 식 (3-17 b)의 정사각형 행렬의 Determinant의 반이다. 즉,

$$2A = \begin{vmatrix} 1 & x_i & y_i \\ 1 & x_j & y_j \\ 1 & x_k & y_k \end{vmatrix} \tag{3-18 b}$$

만일 식 (3-18 b)에서 행렬의 위치를 바꾸어서

$$2A = \begin{vmatrix} 1 & x_i & y_i \\ 1 & x_k & y_k \\ 1 & x_j & y_j \end{vmatrix}$$

가 되면 삼각형의 면적은 음이 되어 옳지 못하다. 따라서 그림 3-6의 삼각형 요소의 절점번호는 $i \to j \to k$, $j \to k \to i$ 또는 $k \to i \to j$ 와 같이 시계 반대방향으로 부여해야 한다.

α_1, α_2 와 α_3 를 식 (3-15)에 대입하고 영역변수의 절점 값에 대해서 정리하면 형상함수는

$$\phi = N_i\phi_i + N_j\phi_j + N_k\phi_k \tag{3-19 a}$$

가 된다. 여기에서 N_i, N_j, N_k 는 다음과 같다.

$$N_i = \frac{1}{2A}(a_i + b_i x + c_i y) \tag{3-19 b}$$

$$N_j = \frac{1}{2A}(a_j + b_j x + c_j y)$$

$$N_k = \frac{1}{2A}(a_k + b_k x + c_k y)$$

여기에서

$$a_i = x_j y_k - x_k y_j \tag{3-19 c}$$

$$b_i = y_j - y_k$$

$$c_i = x_k - x_j$$

로 정의되는 값이며, a_j, a_k …등은 식 (3-19c)에서 첨자들의 다음과 같은 순열(permutation)을 이용하면 쉽게 유도된다.

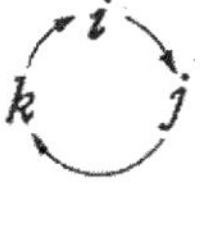

예로서 a_j 는 식 (3-19 c)의 첫 식에서 첨수 i, j, k 를 각각 j, k, i 로 대치하면 구해진다. 그렇게 하면 a_j 는

$$a_j = x_k y_i - x_i y_k$$

식 (3-19 b)의 형상함수는 모두 식 (3-15 a)와 동일한 형태의 다항식임을 주시하라. 절점 i 에서 형상함수 N_i 을 값을 구해보자. 식 (3-19 b)에 절점 i 의 좌표 x_i 와 y_i 를 대입하면

$$N_i(x_i, y_i) = \frac{1}{2A}(a_i + b_i x_i + c_i y_i)$$

식 (3-19 c)의 a_i, b_i와 c_i를 대입하면

$$N_i(x_i, y_i) = \frac{1}{2A}(x_j y_k - x_k y_j + y_j x_i - y_k x_i + x_k y_i - x_j y_i)$$

그런데, 식 (3-18 b)는

$$2A = \begin{vmatrix} 1 & x_i & y_i \\ 1 & x_j & y_j \\ 1 & x_k & y_k \end{vmatrix}$$

$$= x_j y_k - x_k y_j + y_j x_i - y_k x_i + x_k y_i - x_j y_i$$

따라서

$$N_i(x_i, y_i) = \frac{1}{2A}(2A)$$

$$= 1$$

같은 방법으로 N_i의 식에 절점 j와 k의 좌표를 대입하면

$$N_i(x_j, y_j) = 0$$

$$N_i(x_k, y_k) = 0$$

이 된다. 형상함수 N_j와 N_k도 마찬가지로

$$N_j(x_i, y_i) = N_j(x_k, y_k) = 0, \qquad N_j(x_j, y_j) = 1$$

$$N_k(x_i, y_i) = N_k(x_j, y_j) = 0, \qquad N_k(x_k, y_k) = 1$$

이 되어 이 요소는 형상함수가 만족해야 하는 기본 성질인 식 (3-14)를 만족한다. 형상함수 N_i, N_j와 N_k를 그림 3-7에 나타내었다.

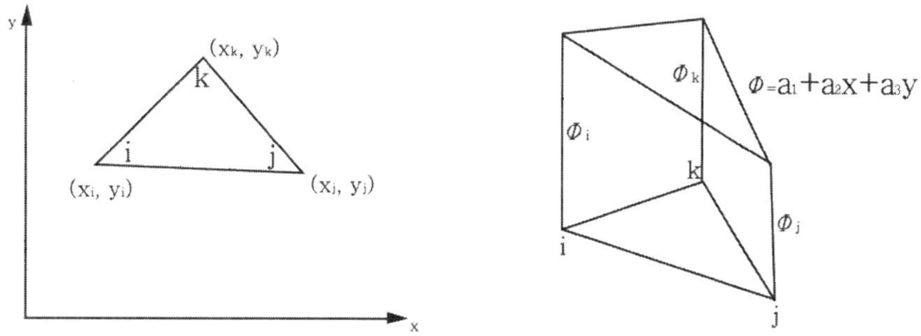

[그림 3-6] (a) 2차원 선형요소 (b) 영역변수의 분포

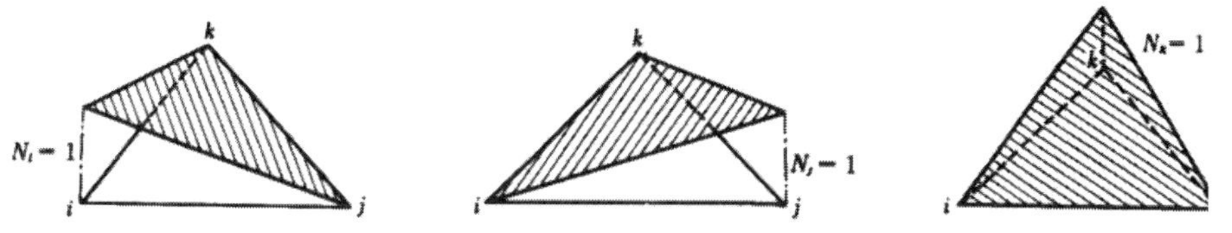

[그림 3-7] 2차원 선형요소의 형상함수

식 (3-15)에서 의미하듯이 ϕ는 x와 y의 선형함수이다. 따라서, x와 y방향으로 영역변수 ϕ의 변화율은

$$\frac{\partial \phi}{\partial x}=\alpha_2, \qquad \frac{\partial \phi}{\partial y}=\alpha_3$$

로서 요소 내에서 일정하다. 이러한 이유에서 이 요소를 CST(constant strain triangle)요소라고도 한다.

유한요소방정식의 구성에서 영역변수의 도함수가 요구된다. $\partial\phi/\partial x$와 $\partial\phi/\partial y$를 식 (3-19)를 이용하여 구해보자. 식 (3-19 a)에서

$$\frac{\partial \phi}{\partial x}=\frac{\partial N_i}{\partial x}\phi_i+\frac{\partial N_j}{\partial x}\phi_j+\frac{\partial N_k}{\partial x}\phi_k \tag{3-20}$$

그런데

$$\frac{\partial N_\beta}{\partial x}=\frac{\partial}{\partial x}\left\{\frac{1}{2A}(\alpha_\beta+b_\beta x+c_\beta y)\right\}$$

$$=\frac{b_\beta}{2A}, \qquad \beta=i,j,k$$

이므로 식 (3-20)은

$$\frac{\partial \phi}{\partial x} = \frac{1}{2A}(b_i\phi_i + b_j\phi_j + b_k\phi_k) \tag{3-21 a}$$

마찬가지 방법으로 y에 대한 도함수는

$$\frac{\partial \phi}{\partial y} = \frac{1}{2A}(c_i\phi_i + c_j\phi_j + c_k\phi_k) \tag{3-21 b}$$

여기에서 $b_i, c_i \cdots$ 등은 절점좌표로부터 결정되는 상수이고 ϕ_i, ϕ_j와 ϕ_k는 영역변수의 절점 값이므로 식 (3-21)은 앞서 언급한 바와 같이 요소 내에서 일정하다. 이 요소는 요소 내에서 영역변수의 변화율이 일정하기 때문에 작은 요소를 많이 사용하여 ϕ가 급격히 변화하는 경우에 편리하게 사용할 수 있다.

선형 삼각형 요소를 이용해서 삼각형 영역 내의 압력의 분포에 대해 생각해보자. 그림3-8에서 영역변수인 압력의 절점 값이 $\phi_i = 40\,N/cm^2$, $\phi_j = 34\,N/cm^2$, $\phi_k = 46\,N/cm^2$와 같이 주어져 있고 삼각형 내에서 압력이 선형적으로 분포한다고 할 때 점 $p(2, 1.5)$에서의 압력을 선형요소의 형상함수를 이용하여 구하려 한다.

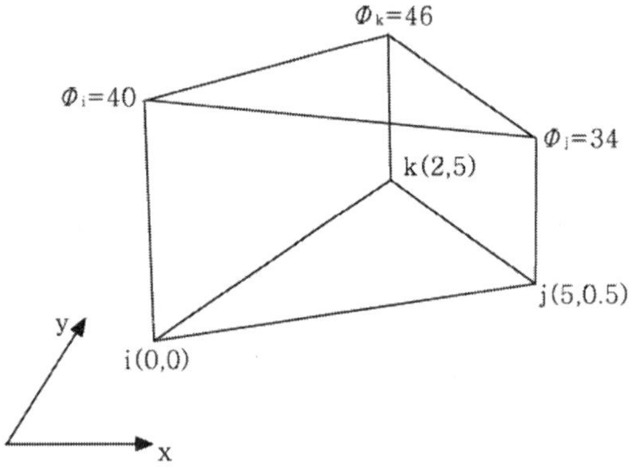

[그림 3-8]

압력 ϕ는 식 (3-19 a)와 같이

$$\phi = N_i\phi_i + N_j\phi_j + N_k\phi_k$$

로 정의된다.

절점좌표를 이용하여 상수 a_β, b_β, c_β $(\beta = i, j, k)$를 구하면

$$a_i = x_j y_k - x_k y_j = 4 \times 5 - 2 \times 0.5 = 19$$

$$b_i = y_j - y_k = 0.5 - 5 = -4.5$$

$$c_i = x_k - x_j = 2 - 4 = -2$$

$$a_j = 0, \qquad b_j = 5, \qquad c_j = -2$$

$$a_k = 0, \qquad b_k = -0.5, \qquad c_k = 4$$

삼각형의 면적은 식 (3-18 b)에서

$$2A = \begin{vmatrix} 1 & x_i & y_i \\ 1 & x_j & y_j \\ 1 & x_k & y_k \end{vmatrix} = \begin{vmatrix} 1 & 0 & 0 \\ 1 & 4 & 0.5 \\ 1 & 2 & 5 \end{vmatrix} = 19$$

이상의 수치들을 이용하면 삼각형 내의 압력분포는

$$\phi = \frac{1}{19}\{(19 - 4.5x - 2y)\phi_i + (5x - 2y)\phi_j + (-0.5x + 4y)\phi_k\}$$

따라서 점 $p(2, 1.5)$에서의 압력 ϕ_p는 p점의 좌표를 대입해서

$$\phi_p = \phi(2, 1.5) = 39.37\, N/cm^2$$

이 삼각형 요소는 요소 내에서 영역변수가 선형적으로 변화할 뿐만 아니라 임의의 두 절점 사이에서, 그리고 삼각형의 두 변을 잇는 선 위에서 선형적으로 변화한다. 또한 ϕ가 일정한 임의의 선은 직선이고 요소의 두 변과 교차한다. 이 성질을 이용하면 영역변수가 일정한 등고선(contour line)을 구할 수 있다. 이 예제에서 $\phi = 42\, N/cm^2$가 되는 압력의 등고선(pressure contour line)을 구

해보자. $\phi = 42\,N/cm^2$가 되는 등고선은 변 ik, jk와 교차할 것이다. ϕ가 선형적으로 변화하므로 변 ik, jk와 등고선이 교차하는 두 점 p_1과 p_2의 좌표는 간단한 비례관계에서 구할 수 있다. 두 교차점 p_1과 p_2의 좌표를 각각 (x_1, y_1)과 (x_2, y_2)라 하자(그림 3-9).

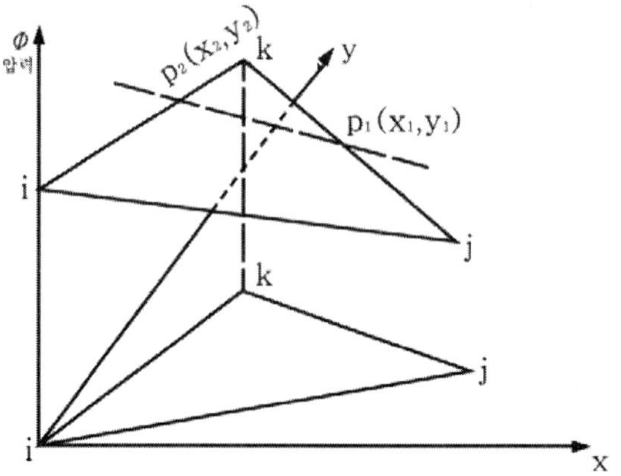

[그림 3-9]

변 jk 에서

$$\frac{46-42}{46-34} = \frac{2-x_1}{2-4}$$

$$\therefore x_1 = 2.67\,cm$$

$$\frac{46-42}{46-34} = \frac{5-y_1}{5-0.5}$$

$$\therefore y_1 = 3.5\,cm$$

변 ik에 대해서도 마찬가지로 하면

$$x_2 = \frac{2}{3}cm, \quad y_2 = \frac{1}{3}\,cm$$

이 두 점을 지나는 선이 $\phi = 42\,N/cm^2$인 등고선이다. 이를 그림 3-9에 나타내었다.

위 예제의 방법을 이용하면 영역변수가 일정한 값을 갖는 등고선들을 그릴 수 있어서 영역변수의 분포상태를 알 수 있다.

3-2 다자유도 문제

지금까지는 요소의 형상함수를 1자유도 문제에 대해서만 구하였는데 절점 당 자유도 수가 2이상인 다자유도 문제에서도 유사한 과정이 적용된다. 그림 3-11에 도시한 삼각형 요소의 각 절점에서 영역변수가 2개이므로 이 경우는 2자유도 문제이다. 유한요소법에서 절점 당 영역변수가 N개일 때, N자유도 문제라고 한다.

그림 3-11에서 x와 y 방향으로의 변수 u와 v가 요소 내에서 선형적으로 분포한다면 식 (3-19 a)를 이용해서 변수u와 v는 다음과 같이 동일한 형상함수로써 정의된다.

$$u = N_i u_i + N_j u_j + N_k u_k \tag{3-22 a}$$

$$v = N_i v_i + N_j v_j + N_k v_k \tag{3-22 b}$$

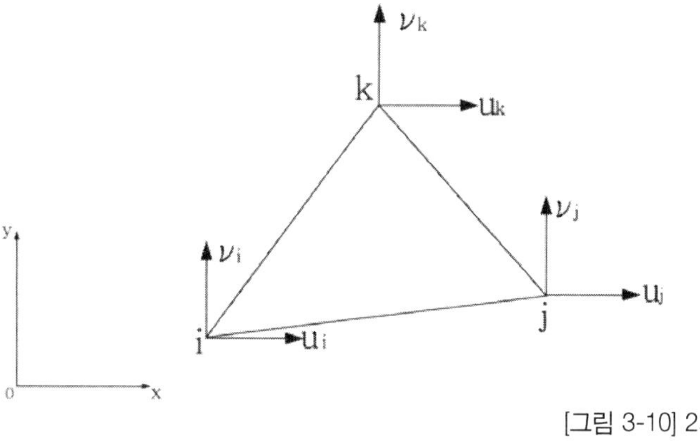

[그림 3-10] 2자유도 삼각형 요소

여기에서 형상함수 N_i, N_j와 N_k는 식 (3-19 b)의 것과 같다. 식 (3-28)을 다시 다음과 같이 쓸 수 있다.

$$u = N_i u_i + 0 \cdot v_i + N_j u_j + 0 \cdot v_j + N_k u_k + 0 \cdot v_k$$
$$v = 0 \cdot u_i + N_i v_i + 0 \cdot u_j + N_j v_j + 0 \cdot u_k + N_k v_k$$

이를 행렬식으로 쓰면

$$\begin{Bmatrix} u \\ v \end{Bmatrix} = \begin{bmatrix} N_i & 0 & N_j & 0 & N_k & 0 \\ 0 & N_i & 0 & N_j & 0 & N_k \end{bmatrix} \begin{Bmatrix} u_i \\ v_i \\ u_i \\ v_j \\ u_k \\ v_k \end{Bmatrix} \tag{3-23}$$

만일 xy 면에 수직한 방향으로 영역변수 w가 더 있다면 3자유도 문제가 되고, w 역시 선형 형상함수로서

$$w = N_i w_i + N_j w_j + N_k w_k$$

로 정의된다. 식 (3-29)와 함께 행렬식으로 쓰면 다음과 같이 된다.

$$\begin{Bmatrix} u \\ v \\ w \end{Bmatrix} = \begin{bmatrix} N_i & 0 & 0 & N_j & 0 & 0 & N_k & 0 & 0 \\ 0 & N_i & 0 & 0 & N_j & 0 & 0 & N_k & 0 \\ 0 & 0 & N_i & 0 & 0 & N_j & 0 & 0 & N_k \end{bmatrix} \{\phi^{(e)}\} \tag{3-24}$$

여기에서

$$\{\phi^{(e)}\} = \left[u_i \; v_i \; w_i \; u_j \; v_j \; w_j \; u_k \; v_k \; w_k \right]^T$$

이다.

제4장

유한요소 해석과정과 전산 프로그램

4-1 일반

본 장에서는 유한요소법의 해석과정을 수치해석 측면과 연계하여 기술하고자 한다. 유한요소법을 적용하여 자연과학 또는 공학적인 문제를 해결하고자 할 때, 다루는 문제에 따라 복잡성 측면에서 차이가 있을 수 있으나 전반적인 흐름에는 큰 차이가 없다. 제1장에서 언급한 바와 같이 유한요소법에서는 모든 물리량이 절점에서의 값으로 정의되며, 각 요소 하나에 만 우선적인 관심을 두면 된다. 정식화 과정을 Ritz 법과 같은 변분법을 적용하든 Galerkin 법과 같은 가중잔여법을 적용하든 다루는 문제의 미분방정식에 등가가 되는 요소의 유한요소방정식은

$$[k^{(e)}]\{d^{(e)}\}=\{f^{(e)}\} \tag{4-1}$$

와 같이 영역변수의 절점 값, $\{d^{(e)}\}$이 미지수인 연립방정식의 형태가 된다. 여기에서 $[k^{(e)}]$를 요소의 계수행렬(coefficient matrix), $\{f^{(e)}\}$를 입력 벡터(inut vector) 또는 하중 또는 힘 벡터(load vector 또는 force vector)라 한다. 방정식의 크기는 요소의 자유도 수와 같다. 계수행렬은 특별한 경우를 제외하고는 대칭행렬이다.

그림 1-1과 그림 1-3에서 적분의 근사 값은 각 부영역의 적분 값을 더해서 구해지는 것과 비슷한 개념으로 전체 영역의 유한요소방정식은 전체 영역을 구성하는 각각의 요소의 유한요소방정식을 중첩해서 얻어지며 그 결과 식은 요소의 유한요소방정식과 크기만 다를 뿐 같은 형태인 영역

변수의 절점 값을 미지수로 갖는 연립방정식이 된다. 즉, 전체 영역의 유한요소방정식은

$$[K]\{d\}=\{F\} \tag{4-2}$$

의 형태로 구해진다. 여기에서 $\{d\}$는 미지수로서 전체 영역에 대한 영역 변수의 절점 값이고, {F}와 [K]는 각각 전체 영역의 절점력 벡터와 계수행렬로서 각 요소의 것들을 조립해서 구하는데, 전체 영역을 N개의 요소로 분할했을 때

$$[K]=\sum_{e=1}^{N}[k^{(e)}] \tag{4-3}$$

$$\{F\}=\sum_{e=1}^{N}\{f^{(e)}\} \tag{4-4}$$

와 같이 표현할 수 있다. 식 (4-3)과 (4-4)에서 Σ는 단순히 더하는 것을 의미하는 것이 아니고 각 요소의 계수행렬과 절점력 벡터를 조립하는 것을 의미한다. 유한요소법에서 모든 물리량은 절점에서의 값으로 정의되므로 조립과정에서는 해당되는 자유도 위치에 계수행렬과 절점력 벡터의 성분을 중첩하게 되고 이때 개개의 요소를 정의하는 절점번호가 이용된다. 요소의 계수행렬이 대칭이므로 전체 영역에 대한 계수행렬 [K] 역시 대칭이고, 계수행렬의 대칭성은 계산상의 효율성 측면에서 대단히 중요한 특성이다.

따라서 유한요소법을 적용해서 어떤 문제를 푼다는 것은 각 요소의 계수행렬과 절점력 벡터를 중첩해서 연립방정식 형태인 전체 영역에 대한 유한요소방정식을 구성해서 이를 영역변수의 절점 값 $\{d\}$에 대해 푸는 것이라고 말할 수 있다.

4-2 유한요소해석 과정과 프로그램의 구조

유한요소해석 과정과 해석을 위한 전산 프로그램의 구조를 설명하기 위해, 수치적분과 연계해서 설명했던 그림 1-3을 다시 상기해 보자. 그림 1-3(a)의 2차원 도형을 그림 1-3(b)와 같이 8개의 삼각형으로 근사적으로 표시하였다. 도형 면적의 근사 값을 구하는 순서는

1) 삼각형의 수와 꼭지점의 수 그리고 꼭지점의 좌표와 표 1-2에 보인 자료처럼 각 삼각형의 꼭지점 번호 입력한다.

2) 각 삼각형의 꼭지점 번호와 그에 해당되는 좌표를 식 (1-6)에 대입하여 삼각형의 면적을 구하고 더한다.

3) 전체 도형 면적의 근사값을 출력한다.

와 같이 구성될 것이다. 유한요소해석 과정도 이와 유사한 과정을 거친다.

유한요소해석 과정에서는 위 1), 2)와 3)을 각각 전처리 과정(pre-processor), 주된 해석과정(main part) 그리고 후 처리 과정(post-processor)라고 하고, 각각은 다음과 같이 구성된다.

1) 전처리 과정(pre-processor)

해석에 필요한 데이터를 입력하는 과정으로서 대개

- 전체 영역을 구성하는 절점 수, 요소 수, 경계조건이 주어진 절점 수 및 기타 프로그램 실행 제어를 위한 데이터
- 절점들의 좌표
- 요소들의 정의 데이터, 즉, 요소들의 연결 상태에 대한 데이터로서 어느 특정 요소가 갖는 절점번호 데이터 그리고 요소의 형태와 재료적 특성치 및 판의 두께 등 기하학적 특성치를 정의하는 데이터
- 재료적 특성치와 기하학적 특성치들
- 하중에 대한 데이터

등으로 구성된다.

2) 주된 해석과정(main part)

유한요소해석에 있어서 가장 주된 부분으로서 Solver라고도 불리우는데, 입력된 데이터를 이용하여 아래와 같은 단계를 거쳐서 해석을 수행하는 과정이다.

- 각 요소의 계수행렬 및 힘 벡터를 계산하고, 조립과정을 거쳐서 전체 영역에 대한 계수행렬과 힘 벡터를 구성한다. 이 과정을 거치면 전체 영역에 대한 유한요소 방정식이 구성되는 것이다.
- 주어진 경계조건을 이용하여 전체 영역에 대한 유한요소 방정식을 변형한다. 각요소

의 계수행렬과 힘 벡터(절점력 벡터)를 구하고 조립과정을 거쳐서 구성된 전체 영역에 대한 유한요소 방정식은 곧 영역변수의 절점 값을 미지수로 갖는 연립방정식인데, 이 상태에서의 계수행렬은 수학적으로 특이성(singularity)을 가지므로 해가 구해지지 않는다. 역학적인 측면에서 설명하자면 강체운동(rigid body motion)을 한다는 것을 의미한다. 따라서 강체운동을 방지할 수 있으며 주어진 경계조건을 반영할 수 있도록 유한요소 방정식 즉, 계수행렬과 힘 벡터를 변형해야 한다.

- 경계조건을 이용하여 변형된 유한요소 방정식을 영역변수의 절점 값에 대해 푼다. 즉, 영역변수의 절점 값이 미지수인 연립방정식을 푸는 과정으로 전체 해석시간의 상당 부분이 이에 소요된다.
- 영역변수의 기울기(gradient)와 영역변수의 절점값 사이의 관계를 이용하여 각 요소에 대해 영역변수의 기울기를 구한다. 구조해석에서 이는 응력과 절점변위 사이의 관계를 이용하여 응력을 구하는 것에 해당된다.

3) 후 처리 과정(post-processor)

이는 해석 결과를 출력 또는 그래픽 툴을 이용하여 표현하는 과정으로서, 예로서 구조역학적인 문제의 경우 변위와 응력을 출력하거나 그래픽 툴을 이용하여 구조물의 변형 형태나 응력의 분포를 표시하는 것이다.

이상에서는 유한요소해석과정과 프로그램의 구조에 대한 일반적인 내용을 설명하였는데, 다루는 문제에 따라 내용상 다소 차이가 있을 수 있으나 전반적인 흐름은 위에서 설명한 내용에서 크게 벗어나지 않는다.

4-3 조립과정

앞서 기술한 바와 같이 유한요소법에서 계수행렬, 힘 벡터, 영역변수 등 모든 물리량은 절점에서 정의된다. 조립과정(assembly procedure)은 각 요소의 유한요소 방정식 즉, 요소의 계수행렬과 힘 벡터가 구해지면 이들을 전체 영역의 계수행렬과 힘 벡터 내 적절한 위치에 중첩시킴으로써 전체 영역에 대한 계수행렬과 힘 벡터를 구성하는 과정이다. 계수행렬과 힘 벡터 내에 중첩되는 위치는 각 요소의 절점번호에 의해 결정된다. 여기에서는 절점 당 자유도가 1인 경우와 2인 경우에 대한 예를 통해 조립과정을 설명하고자 한다. 구조역학적인 문제에서는 유한요소 방정식의 계수행렬을 강성행렬(stiffness matrix)이라고 하므로 여기에서는 설명의 편의상 이 두 용어를 혼용하였다.

(1) 1 자유도 문제의 경우

그림 4-1(a)에 보인 길이방향으로 단면적이 변하는 봉이 축 하중 하에 놓인 경우, 그림 4-1(b)와 같이 계단형으로 단면의 변화를 근사적으로 표현할 수 있다. 그림 4-1(b)에서는 요소의 길이가 다른 3개의 요소로 (절점수는 4개) 분할하였다. 일반적으로 유한요소 모델링에 있어서 기하학적 형상의 변화가 심한 부분은 상대적으로 작은 요소로 분할하면 더 나은 결과를 얻을 수 있다. 물론 응력이나 변위의 변화가 심할 것으로 예상되는 부분에 대해서도 이러한 분할의 방법은 마찬가지로 적용된다.

그림 4-1과 같이 축 하중을 받는 봉 요소는 길이 방향으로의 변위만 있으므로 전형적인 1자유도 문제 이다. 이 요소에 대한 계수행렬 즉, 강성행렬을 유도하는 과정은 6장에서 설명하고 있다. 이 봉요소는 절점 수가 2이고 절점 당 자유도 수가 1이므로 요소의 자유도 수는 (절점당 자유도 수) × (요소의 절점 수) = 1 × 2 = 2이고 따라서 요소의 유한요소방정식은 아래와 같이 표현된다.

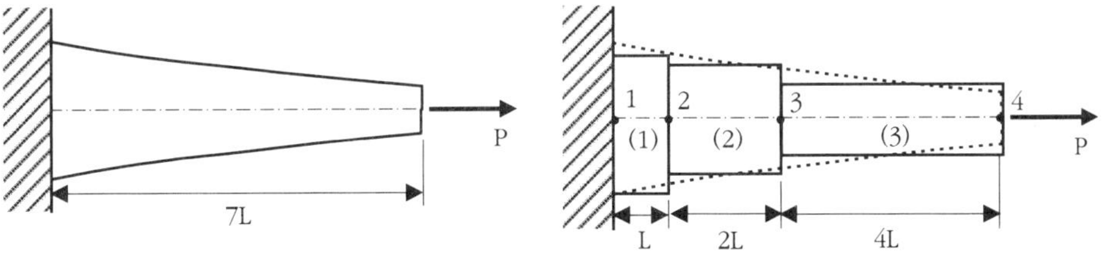

(a) 모델 (b) 유한요소 모델링

[그림 4-1] 축하중을 받는 봉의 유한요소 모델링

$$\begin{bmatrix} K_{11}^{(e)} & K_{12}^{(e)} \\ K_{21}^{(e)} & K_{22}^{(e)} \end{bmatrix} \begin{Bmatrix} u_i \\ u_j \end{Bmatrix} = \begin{Bmatrix} f_i^{(e)} \\ f_j^{(e)} \end{Bmatrix} \tag{4-5}$$

이식에서 상첨자 (e)는 요소의 번호를 표시한다. 조립과정은 요소의 강성행렬과 절점력 벡터를 전체 구조물의 강성행렬과 절점력 벡터 내의 해당되는 자유도 위치에 중첩하는 것인데 이는 마치 타일을 해당되는 위치에 붙이는 것으로 생각하면 된다. 그림 4-1에 보인 봉의 경우 총 절점수가 4이고 절점 당 자유도 수가 1이므로 이 구조물의 총 자유도 수는 1×4 = 4이다. 따라서 전체구조물의 계수행렬은 4×4인 정사각형 행렬이고 절점력 벡터는 4×1인 열행렬(column matrix)이다. 따라서

전체 구조물의 유한요소 방정식은

$$\begin{bmatrix} K_{11} & K_{12} & K_{13} & K_{14} \\ K_{21} & K_{22} & K_{23} & K_{24} \\ K_{31} & K_{32} & K_{33} & K_{34} \\ K_{41} & K_{42} & K_{43} & K_{44} \end{bmatrix} \begin{Bmatrix} u_1 \\ u_2 \\ u_3 \\ u_4 \end{Bmatrix} = \begin{Bmatrix} f_1 \\ f_2 \\ f_3 \\ f_4 \end{Bmatrix} \tag{4-6}$$

와 같은 형태를 갖는다. 조립과정 후 강성행렬과 절점력 벡터의 구체적인 형태는 요소의 절점번호를 어떻게 부여했느냐에 따라 달라지는데, 그림 4-1(b)와 같은 분할형태를 취하면 요소의 정의 데이터(element definition data)는 표 4-1과 같다.

[표 4-1] 절점 번호(요소의 정의 data)

요소 번호	절점 i	절점 j
1	1	2
2	2	3
3	3	4

우선 절점력 벡터의 조립과정을 살펴보자. 요소 (1)의 절점력 벡터는

$$\{f^{(1)}\} = \begin{Bmatrix} f_i^{(1)} \\ f_j^{(1)} \end{Bmatrix} \tag{4-7}$$

인데 i=1, j=2이므로, $f_i^{(1)}$와 $f_j^{(1)}$는 전체 구조물의 절점력 벡터에서 각각 절점 1과 2에 작용하는 힘이고 따라서 요소(1)의 각 절점력 성분을 해당되는 자유도 위치에 중첩시키면 전체 구조물의 절점력 벡터는 아래의 형태가 된다.

$$\{F\} = \begin{Bmatrix} f_1 \\ f_2 \\ f_3 \\ f_4 \end{Bmatrix} = \begin{Bmatrix} f_i^{(1)} \\ f_j^{(1)} \\ 0 \\ 0 \end{Bmatrix} \tag{4-8}$$

마찬가지로 요소 (2)의 절점력 벡터는

$$\{f^{(2)}\}=\begin{Bmatrix} f_i^{(2)} \\ f_j^{(2)} \end{Bmatrix} \tag{4-9}$$

이고 i=2, j=3이므로, $f_i^{(2)}$와 $f_j^{(2)}$는 전체 절점력 벡터에서 각각 절점 2와 3에 작용하는 힘이고 따라서 요소(2)의 절점력 벡터를 해당되는 자유도 위치에 중첩시키면 전체 절점력 벡터는 아래의 형태가 된다.

$$\{F\}=\begin{Bmatrix} f_1 \\ f_2 \\ f_3 \\ f_4 \end{Bmatrix}=\begin{Bmatrix} f_i^{(1)} \\ f_j^{(1)}+f_i^{(2)} \\ f_j^{(2)} \\ 0 \end{Bmatrix} \tag{4-10}$$

마지막으로 요소(3)의 절점력 벡터

$$\{f^{(3)}\}=\begin{Bmatrix} f_i^{(3)} \\ f_j^{(3)} \end{Bmatrix} \tag{4-11}$$

를 해당되는 자유도 위치에 중첩시킨 후 전체 절점력 벡터는

$$\{F\}=\begin{Bmatrix} f_1 \\ f_2 \\ f_3 \\ f_4 \end{Bmatrix}=\begin{Bmatrix} f_i^{(1)} \\ f_j^{(1)}+f_i^{(2)} \\ f_j^{(2)}+f_i^{(3)} \\ f_j^{(3)} \end{Bmatrix} \tag{4-12}$$

의 형태가 된다.

요소의 계수행렬을 조립하는 과정은 절점력 벡터를 조립하는 과정과 유사한데 단지 요소의 계수행렬의 성분들을 해당되는 행과 열의 위치에 중첩시키는 내용을 이해하면 된다. 요소(1)의 강성행렬은

$$\begin{array}{c} \\ i \\ j \end{array}\begin{array}{c} \begin{matrix} i & j \end{matrix} \\ \begin{bmatrix} k_{11}^{(1)} & k_{12}^{(1)} \\ k_{21}^{(1)} & k_{22}^{(1)} \end{bmatrix} \end{array} \tag{4-13}$$

로서 $k_{11}^{(1)}$는 i번째 행 i번째 열에, $k_{12}^{(1)}$는 i번째 행 j번째 열에, $k_{21}^{(1)}$는 j번째 행 i번째 열에, $k_{22}^{(1)}$는 j번째 행 j번째 열에 중첩된다. 요소(1)의 경우(1)을 경우(2)을 요소(1)의 강성행렬의 각 성분을 해당되는 자유도 위치에 중첩시키면 전체 구조물의 계수행렬은 아래의 형태가 된다.

$$\begin{array}{c} \\ 1 \\ 2 \\ 3 \\ 4 \end{array}\begin{array}{c} \begin{array}{cccc} 1 & 2 & 3 & 4 \end{array} \\ \begin{bmatrix} k_{11}^{(1)} & k_{12}^{(1)} & 0 & 0 \\ k_{21}^{(1)} & k_{22}^{(1)} & 0 & 0 \\ 0 & 0 & 0 & 0 \\ 0 & 0 & 0 & 0 \end{bmatrix} \end{array} \tag{4-14}$$

요소(2)의 계수행렬은

$$\begin{array}{c} \\ i \\ j \end{array}\begin{array}{c} \begin{array}{cc} i & j \end{array} \\ \begin{bmatrix} k_{11}^{(2)} & k_{12}^{(2)} \\ k_{21}^{(2)} & k_{22}^{(2)} \end{bmatrix} \end{array} \tag{4-15}$$

이고 마찬가지로 $k_{11}^{(2)}$는 i번째 행 i번째 열에, $k_{12}^{(2)}$는 i번째 행 j번째 열에, $k_{21}^{(2)}$는 j번째 행 i번째 열에, $k_{22}^{(2)}$는 j번째 행 j번째 열에 중첩된다. 요소(2)의 절점번호가 i=2, j=3이므로 요소(2)의 강성행렬을 중첩시킨 후 전체 구조물의 강성행렬은 다음과 같은 형태가 된다.

$$\begin{array}{c} \\ 1 \\ 2 \\ 3 \\ 4 \end{array}\begin{array}{c} \begin{array}{cccc} 1 & 2 & 3 & 4 \end{array} \\ \begin{bmatrix} k_{11}^{(1)} & k_{12}^{(1)} & 0 & 0 \\ k_{21}^{(1)} & k_{22}^{(1)} + k_{11}^{(2)} & k_{12}^{(2)} & 0 \\ 0 & k_{21}^{(1)} & k_{22}^{(2)} & 0 \\ 0 & 0 & 0 & 0 \end{bmatrix} \end{array} \tag{4-16}$$

마찬가지로 요소(3)의 강성행렬은

$$\begin{array}{c} \\ i \\ j \end{array}\begin{array}{c} \begin{array}{cc} i & j \end{array} \\ \begin{bmatrix} k_{11}^{(3)} & k_{12}^{(3)} \\ k_{21}^{(3)} & k_{22}^{(3)} \end{bmatrix} \end{array} \tag{4-17}$$

이고 요소(3)의 절점번호가 i=3, j=4이므로 요소(3)의 계수행렬을 중첩시킨 후 전체 구조물의 계수행렬은

$$
\begin{array}{c} \\ 1 \\ 2 \\ 3 \\ 4 \end{array}
\begin{array}{c}
\begin{array}{cccc} 1 & 2 & 3 & 4 \end{array} \\
\begin{bmatrix}
k_{11}^{(1)} & k_{12}^{(1)} & 0 & 0 \\
k_{21}^{(1)} & k_{22}^{(1)}+k_{11}^{(2)} & k_{12}^{(2)} & 0 \\
0 & k_{21}^{(1)} & k_{22}^{(2)}+k_{11}^{(3)} & k_{12}^{(3)} \\
0 & 0 & k_{21}^{(3)} & k_{22}^{(3)}
\end{bmatrix}
\end{array}
\qquad (4\text{-}18)
$$

의 형태가 된다. 이 식에서 보듯이 절점 2는 요소(1)과 요소(2)가 공유하므로 전체 구조물의 계수행렬에서 이에 대응되는 성분인 K_{22} (식 (4-6) 참고)는 요소(1)이 기여하는 강성과 요소(2)가 기여하는 강성의 중첩으로 구해지는 것을 볼 수 있고, K_{33}의 경우도 마찬가지이다. 전술한 바와 같이 전체 구조물의 강성행렬과 절점력 벡터의 구체적인 형태는 요소의 정의 데이터 즉, 절점번호를 어떻게 부여했는냐에 따라 달라지는데, 그림 4-1(b)의 구조물을 그림 4-2와 같이 분할했을 때 요소의 정의 데이터는 표 4-2와 같고, 조립과정을 거친 후 전체구조물의 강성방정식은 아래의 형태가 된다.

$$
\begin{bmatrix}
k_{22}^{(1)}+k_{11}^{(2)} & 0 & k_{21}^{(1)} & k_{12}^{(2)} \\
0 & k_{22}^{(3)} & 0 & k_{21}^{(3)} \\
k_{12}^{(1)} & 0 & k_{11}^{(1)} & 0 \\
k_{21}^{(2)} & k_{12}^{(3)} & 0 & k_{22}^{(2)}+k_{11}^{(3)}
\end{bmatrix}
\begin{Bmatrix} u_1 \\ u_2 \\ u_3 \\ u_4 \end{Bmatrix}
=
\begin{Bmatrix} f_j^{(1)}+f_i^{(2)} \\ f_j^{(3)} \\ f_i^{(1)} \\ f_j^{(2)}+f_i^{(3)} \end{Bmatrix}
\qquad (4\text{-}19)
$$

요소의 계수행렬이 대칭이면 전체 영역의 계수행렬 역시 대칭행렬(symmetric matrix)이 된다.

[표 4-2] 절점번호를 달리 부여한 예

요소 번호	절점 i	절점 j
1	3	1
2	1	4
3	4	2

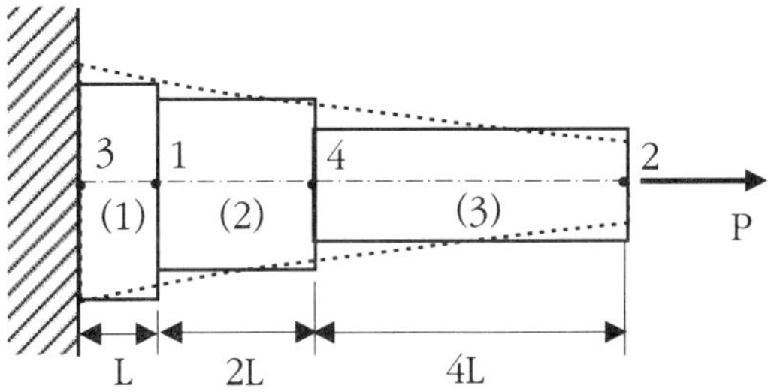

[그림 4-2] 그림 4-1 구조에 대해 절점 번호를 달리 부여한 경우

(2) 2 자유도 문제의 경우

절점 당 자유도 수가 2이상인 다자유도 문제의 계수행렬과 힘 벡터을 조립하는 과정은 1 자유도의 경우와 동일한데, 다만 요소의 강성행렬을 다음과 같이 부행렬(sub-matrix)로 나누어서 각 부행렬을 해당되는 자유도 위치에 중첩시키면 된다. 조립과정의 예를 들기 위해 그림 4-3에 보인 3개의 트러스 요소를 갖는 평면 트러스 구조를 선택하였다. 각 절점에서 x와 y 방향으로의 변위가 정의되어야 하므로 이는 2 자유도 문제이다. 요소의 정의 데이터는 표 4-3과 같다.

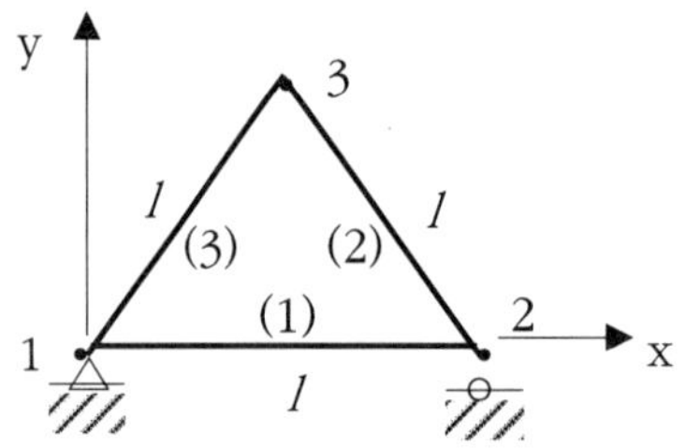

[그림 4-3] 평면 트러스 구조의 예

[표 4-3] 그림 4-3의 평면 트러스 구조에 대한 요소의 정의 데이터

요소 번호	절점 i	절점 j
1	1	2
2	2	3
3	1	3

조립과정을 설명하기 위해 요소의 계수행렬을 아래와 같이 Sub-matrix로 표시하자.

$$[k^{(e)}] = \begin{array}{c|c:c|c|} \multicolumn{1}{c}{i} & & \multicolumn{1}{c}{j} & \\ \hline k_{11}^{(e)} & k_{12}^{(e)} & k_{13}^{(e)} & k_{14}^{(e)} \\ \hline k_{21}^{(e)} & k_{22}^{(e)} & k_{23}^{(e)} & k_{24}^{(e)} \\ \hdashline k_{31}^{(e)} & k_{32}^{(e)} & k_{33}^{(e)} & k_{34}^{(e)} \\ \hline k_{41}^{(e)} & k_{42}^{(e)} & k_{43}^{(e)} & k_{44}^{(e)} \\ \hline \end{array} \begin{array}{c} i \\ \\ j \end{array} \tag{4-20}$$

여기에서 i와 j는 대응되는 절점번호를 표시한다. 절점당 자유도 수는 2이고 총 절점 수는 3이므로 전체 구조물의 총 자유도 수는 6이다. 요소(1)의 경우 i=1, j=2이므로 요소(1)의 계수행렬의 Sub-matrix를 위치에 중첩시키면 전체 구조물의 계수행렬 $[K]$는

$[K]=$

$k_{11}^{(1)}$	$k_{12}^{(1)}$	$k_{13}^{(1)}$	$k_{14}^{(1)}$	0	0
$k_{21}^{(1)}$	$k_{22}^{(1)}$	$k_{23}^{(1)}$	$k_{24}^{(1)}$	0	0
$k_{31}^{(1)}$	$k_{32}^{(1)}$	$k_{33}^{(1)}$	$k_{34}^{(1)}$	0	0
$k_{41}^{(1)}$	$k_{42}^{(1)}$	$k_{43}^{(1)}$	$k_{44}^{(1)}$	0	0
0	0	0	0	0	0
0	0	0	0	0	0

(4-21)

요소(2)의 절점번호가 i=2, j=3이므로 요소(2)의 계수행렬을 중첩시킨 후 전체 구조물의 계수행렬은 다음과 같은 형태가 된다.

$[K]=$

$k_{11}^{(1)}$	$k_{12}^{(1)}$	$k_{13}^{(1)}$	$k_{14}^{(1)}$	0	0
$k_{21}^{(1)}$	$k_{22}^{(1)}$	$k_{23}^{(1)}$	$k_{24}^{(1)}$	0	0
$k_{31}^{(1)}$	$k_{32}^{(1)}$	$k_{33}^{(1)}+k_{11}^{(2)}$	$k_{34}^{(1)}+k_{12}^{(2)}$	$k_{13}^{(2)}$	$k_{14}^{(2)}$
$k_{41}^{(1)}$	$k_{42}^{(1)}$	$k_{43}^{(1)}+k_{21}^{(2)}$	$k_{44}^{(1)}+k_{22}^{(2)}$	$k_{23}^{(2)}$	$k_{24}^{(2)}$
0	0	$k_{31}^{(2)}$	$k_{32}^{(2)}$	$k_{33}^{(2)}$	$k_{34}^{(2)}$
0	0	$k_{41}^{(2)}$	$k_{42}^{(2)}$	$k_{43}^{(2)}$	$k_{44}^{(2)}$

(4-22)

마찬가지로 요소(3)의 절점번호가 i=1, j=3이므로 요소(3)의 계수행렬을 중첩시킨 후 전체 구조물의 계수행렬은

$[K]=$

$k_{11}^{(1)}+k_{11}^{(3)}$	$k_{12}^{(1)}+k_{12}^{(3)}$	$k_{13}^{(1)}$	$k_{14}^{(1)}$	$k_{13}^{(3)}$	$k_{14}^{(3)}$
$k_{21}^{(1)}+k_{21}^{(3)}$	$k_{22}^{(1)}+k_{22}^{(3)}$	$k_{23}^{(1)}$	$k_{24}^{(1)}$	$k_{23}^{(3)}$	$k_{24}^{(3)}$
$k_{31}^{(1)}$	$k_{32}^{(1)}$	$k_{33}^{(1)}+k_{11}^{(2)}$	$k_{34}^{(1)}+k_{12}^{(2)}$	$k_{13}^{(2)}$	$k_{14}^{(2)}$
$k_{41}^{(1)}$	$k_{42}^{(1)}$	$k_{43}^{(1)}+k_{21}^{(2)}$	$k_{44}^{(1)}+k_{22}^{(2)}$	$k_{23}^{(2)}$	$k_{24}^{(2)}$
$k_{31}^{(3)}$	$k_{32}^{(3)}$	$k_{31}^{(2)}$	$k_{32}^{(2)}$	$k_{33}^{(2)}+k_{33}^{(3)}$	$k_{34}^{(2)}+k_{34}^{(3)}$
$k_{41}^{(3)}$	$k_{42}^{(3)}$	$k_{41}^{(2)}$	$k_{42}^{(2)}$	$k_{43}^{(2)}+k_{43}^{(3)}$	$k_{44}^{(2)}+k_{44}^{(3)}$

(4-23)

4-4 경계조건의 처리

전술한 바와 같이 조립과정 후 전체 영역에 대한 유한요소 방정식을 풀기 전에 부여된 경계조건(또는 구속조건)을 이용하여 이를 변형해야 한다. 경계조건은 최소한 강체운동을 방지할 수 있도록 주어져야 한다. 경계조건을 처리하는 방법은 정적 압축(static condensation)의 개념을 이용하는 방법과 방정식을 변형하는 방법이 있다. 여기에서는 후자의 방법으로서 주어진 경계조건을 이용하여 방정식을 변형하는 과정을 설명한다. 실제 문제를 n 개의 방정식이 다음과 같이 주어져 있고 경계조건으로서 $d_j = \alpha$가 주어졌다고 가정하자.

$$\begin{bmatrix} K_{11} & K_{12} \dots & K_{1,j-1} & K_{1j} & K_{1,j+1} \dots & K_{1n} \\ K_{21} & K_{22} \dots & K_{2,j-1} & K_{2j} & K_{2,j+1} \dots & K_{2n} \\ . & . \dots & . & . & . \dots & . \\ K_{j1} & K_{j2} \dots & K_{j,j-1} & K_{jj} & K_{j,j+1} \dots & K_{jn} \\ . & . \dots & . & . & . \dots & . \\ K_{n1} & K_{n2} \dots & K_{n,j-1} & K_{nj} & K_{n,j+1} \dots & K_{nn} \end{bmatrix} \begin{Bmatrix} d_1 \\ d_2 \\ \dots \\ d_{j-1} \\ d_j \\ d_{j+1} \\ \dots \\ d_n \end{Bmatrix} = \begin{Bmatrix} f_1 \\ f_2 \\ \dots \\ f_{j-1} \\ f_j \\ f_{j+1} \\ \dots \\ f_n \end{Bmatrix} \tag{4-24}$$

식 (4-24)의 첫 번째 식은

$$K_{11}d_1 + K_{12}d_2 + \dots + K_{1,j-1}d_{j-1} + K_{1j}d_j + K_{1,j+1}d_{j+1} + \dots + K_{1n}d_n = f_1$$

$d_j = \alpha$를 대입하고 다시 정리하면

$$K_{11}d_1 + K_{12}d_2 + \dots + K_{1,j-1}d_{j-1} + 0 \cdot d_j + K_{1,j+1}d_{j+1} + \dots + K_{1n}d_n = f_1 - K_{1j}\alpha$$

마찬가지로 두 번째 식은

$$K_{21}d_1 + K_{22}d_2 + \dots + K_{2,j-1}d_{j-1} + K_{2j}d_j + K_{2,j+1}d_{j+1} + \dots + K_{2n}d_n = f_2$$

$d_j = \alpha$를 대입하고 정리하면

$$K_{21}d_1 + K_{22}d_2 + \dots + K_{2,j-1}d_{j-1} + 0 \cdot d_j + K_{2,j+1}d_{j+1} + \dots + K_{2n}d_n = f_2 - K_{2j}\alpha$$

j 번째 식을 제외한 나머지 식들도 마찬가지 방법으로 처리하면 n 번째 식은

$$K_{n1}d_1 + K_{n2}d_2 + \dots + K_{n,j-1}d_{j-1} + 0 \cdot d_j + K_{n,j+1}d_{j+1} + \dots + K_{nn}d_n = f_n - K_{nj}\alpha$$

이상의 결과로부터 j 번째 식을 제외한 각 식에서 $K_{ij} = 0,\ K_{ji} = 0\ (i = 1, n, i \neq j)$임을 알 수 있다. j 번째 식은

$$K_{j1}d_1 + K_{j2}d_2 + \dots + K_{j,j-1}d_{j-1} + K_{jj}d_j + K_{j,j+1}d_{j+1} + \dots + K_{jn}d_n = f_j$$

그런데 $K_{ji} = 0\ (i = 1, n, i \neq j)$이므로

$$K_{jj}d_j = f_j = K_{jj}\alpha$$

또는

$$1 \cdot d_j = \alpha = \overline{f_j}$$

이상의 과정을 종합하면 $d_j = \alpha$를 대입한 후 변형된 방정식은 다음과 같다.

$$\begin{bmatrix} K_{11} & K_{12} \dots & K_{1,j-1} & 0 & K_{1,j+1} & \dots & K_{1n} \\ K_{21} & K_{22} \dots & K_{2,j-1} & 0 & K_{2,j+1} & \dots & K_{2n} \\ . & . \dots & . & . & . & \dots & . \\ 0 & 0 \dots & 0 & 1 & 0 & \dots & 0 \\ . & . \dots & . & . & . & \dots & . \\ K_{n1} & K_{n2} \dots & K_{n,j-1} & 0 & K_{n,j+1} & \dots & K_{nn} \end{bmatrix} \begin{Bmatrix} d_1 \\ d_2 \\ \dots \\ d_{j-1} \\ d_j \\ d_{j+1} \\ \dots \\ d_n \end{Bmatrix} = \begin{Bmatrix} f_1' \\ f_2' \\ \dots \\ f_{j-1}' \\ f_j' \\ f_{j+1}' \\ \dots \\ f_n' \end{Bmatrix} \qquad (4\text{-}25)$$

여기에서 우변의 힘의 항들은 경계조건을 처리하는 과정에서 변형된 것으로서

$$f_i' = f_i - K_{ij}\alpha \quad (i = 1, n, \ i \neq j)$$
$$f_j' = \alpha \tag{4-26}$$

이다.

식 (4-26)에서 보는 바와 같이 $d_j = \alpha$ 라는 경계조건이 주어졌을 때 힘의 항들은 식 (4-26)과 같이 변형되고, 강성행렬에서 j 번째 행과 열에 있는 성분들은 모두 영이 되며, 해당 자유도의 대각선 성분인 $K_{jj} = 1$ 이 된다.

4-5 유한요소 방정식의 해

유한요소 방정식의 해를 구하는 것은 결국 식 (4-2)와 같이 영역변수의 절점 값이 미지수인 연립방정식을 푸는 것이다. 연립방정식의 해법에는 Gauss 소거법 및 이에 근간을 둔 직접해법과 Jacobi 방법 및 이에 근간을 둔 반복해법으로 구분된다. 입력 데이터가 준비된 상태에서 유한요소 해석에 소요되는 전체 계산시간의 대부분이라고 표현해도 될 만큼 상당부분이 바로 이 연립방정식인 유한요소방정식의 해를 구하는 과정이 차지한다. 따라서 다양한 연립방정식의 해법을 이해하고 다루는 문제에 적합한 해법을 선택하는 것이 중요하다.

유한요소해석에서 연립방정식의 크기는 결국 전체 자유도 수 즉, (절점당 자유도 수) × (총 절점 수) 이다. Gauss 소거법에 근간을 둔 직접 해법에서는 절점번호를 어떻게 부여하느냐에 따라 같은 문제에 대해 해석시간에 상당한 차이가 있을 수 있다.

예로써, 그림 4-4는 2절점 봉요소로 모델링한 구조물에 절점 번호를 달리 부여한 것을 보여준다. 절점당 자유도 수는 1이다. 조립과정 후 두 경우에 대한 계수행렬의 분포로서 영(zero)이 아닌 성분만을 표시하면 각각 그림 4-5(a)와 그림 4-5(b)와 같다. 우리가 다루는 문제의 거의 대부분의 경우 계수행렬은 대칭이므로 대각선을 포함한 상삼각형(upper triangle)에 있는 계수행렬의 성분만을 저장하고 이들을 이용해서 해를 구할 수 있다. 그림 4-5에서 'Skyline'은 어느 대각선 성분에서 위쪽방향으로 영이 아닌 최외측 성분들의 위치를 모아 놓은 것이다. 따라서 Skyline 바깥에 있는 Off diagonal 성분들은 모두 영이다. 직접해법을 적용할 때 Skyline 바깥에 있는 영인 Off diagonal 성분들은 해법과정에 영향을 주지 않지만, Skyline 아래에 있는 영인 성분들은 해법과정이 진행되면서 영이 아닌 성분으로 변형될 수 있으므로 설사 그 값이 영인 성부이라도 컴퓨터에 저장해야 하고 또한 계산에 참여시켜야 한다. 따라서 그림 4-4(a)와 같이 절점 번호를 부여했을 때 보다 그림 4-4(b)와 같이 절점번호를 부여했을 때 더 많은 성분들을 컴퓨터에 저장해야 하고 또한 계산시간도 많이 소요된다. 계수행렬의 어느 행의 대각선성분에서 열 방향으로 최외측 영이 아닌 성분까지의 거리의 최대 값을 반 띠폭(half band width)라 하고, 이를 HB로 표시하면

$$HB = (R+1) \times ndf \tag{4-27}$$

로 계산한다. 여기에서 R은 각 요소의 절점번호 차이의 최대 값 중 모든 요소에 대해 최대 값이다. ndf는 절점당 자유도 수이다. 전체 영역의 전 자유도 수 즉, 유한요소 방정식의 미지수의 수가 n이고, 반 띠폭이 HB일 때, Gauss 소거법에 의해 해를 구하는 시간은 $n(HB)^2$ 에 비례한다. 즉, 반 띠폭이 클 수록 컴퓨터에 저장하는 공간이 더 많이 필요로 하고 또한 계산시간도 많이 소요 된다. 그림 4-4(a)에서는 R=2이고 HB=3인데, 그림 4-4(b)에서는 R=8, HB=9이다. 따라서 그림 4-4(b)의 경우 해를 구하는데 필요한 계산시간이 그림 4-4(a)의 경우보다 대략 9배 정도 소요될 것을 예상할 수 있다.

따라서 반 띠폭이 작도록 즉, R이 가능한 작도록 절점번호를 부여해야 보다 효율적으로 계산을 수행할 수 있다. 그러나 요소의 수가 많고 때로는 요소를 추가하는 경우 R을 최소로 하는 데에 한계가 있을 수 있다. 현재 많이 사용되는 MSC/NASTRAN 등 상용 프로그램들에서는 유한요소 모델링 후 반 띠폭을 최소로 할 수 있는 기능을 사용하고 있다. 한편 Jacobi 방법에 근간을 둔 반복해법에서는 계수행렬의 Off diagonal 성분 중 영인 성분들은 해를 구하는 과정에 전혀 영향을 주지 않으므로 계수행렬의 성분 중 영이 아닌 성분들 만 저장하여 해를 구하는 기법을 사용할 수 있기 때문에 반복해법이 때로는 더 효율적일 수도 있다.

반 띠폭의 개념을 적용하더라도 계수행렬을 2차원 배열(2 dimensional array)로 저장하면 저장 및 해를 구하는 계산시간 측면에서 효율적이지 않으므로, 그림 4-6과 같이 Skyline의 개념을 도입하여 1차원 배열로 저장하면 계산 및 저장 측면에서 매우 효과적이다. 이에 대한 자세한 내용은 Bathe (1996)을 참고하기 바란다.

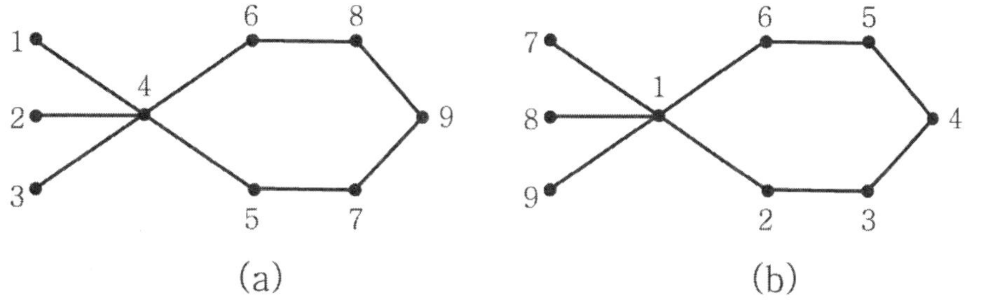

[그림 4-4] 2절점 봉요소로 모델링한 구조물의 다른 절점 부여(Cook et al, 2002)

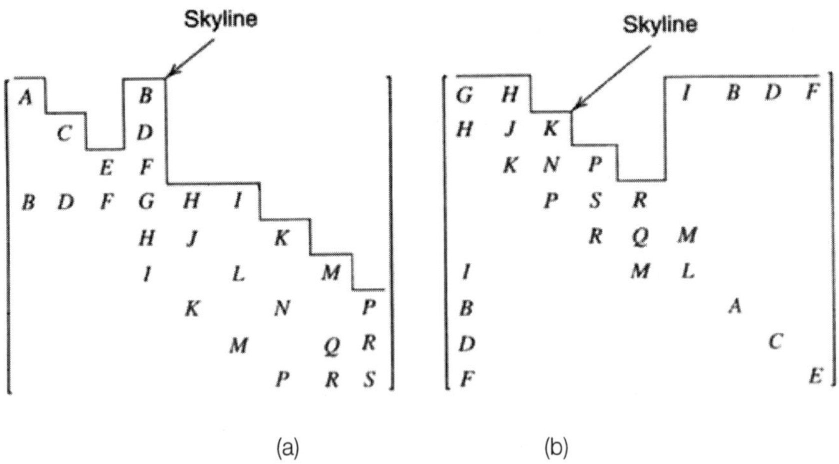

[그림 4-5] 조립과정 후 계수행렬의 성분 분포

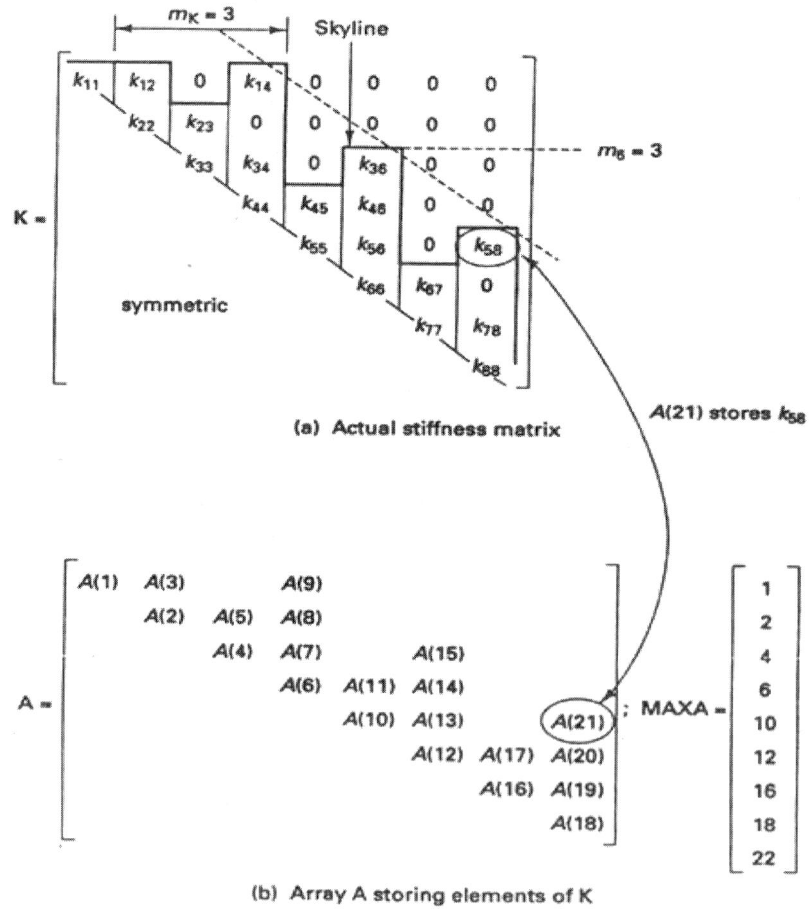

[그림 4-6] 계수행렬의 1차원 배열로의 저장 방법 개념도

제5장 유한요소법의 정식화

§2-4에서 이미 변분법과 가중잔여법에 의해 유한요소방정식의 유도과정을 설명한 바 있다. 본 장에서는 일반적인 과정이지만 §2-4의 내용과 관련지어 유한요소방정식을 변분법과 Galerkin 법에 의해 유도하기로 한다. 그리고 그 과정을 수학적인 문제에 적용하는 것을 예로 다루었다.

5-1 변분법에 의한 정식화

이미 설명한 대로 변분법에 의해 미분방정식의 근사 해를 구한다는 것은 주어진 미분방정식에 대응이 되는 범함수가 극값을 가질 때 유도되는 등가의 방정식의 해를 구하는 것이다. 변분법에 의해 유한요소방정식을 유도할 때 근사함수로서 요소의 형상함수를 도입하여 최종적으로 주어진 미분방정식에 등가인 식을 유도하는 것이다.

주어진 미분방정식에 대응되는 범함수는 영역변수 ϕ 및 그들의 도함수 $\frac{\partial \phi}{\partial x}$, … 등의 항으로

$$I = \int_v f\left(\phi, \frac{\partial \phi}{\partial x}, \cdots\right) dv \tag{5-1}$$

와 같이 표현된다. 요소의 형상함수를 $[N]$ 이라 하면, 근사함수는

$$\phi = [N]\{\phi^{(e)}\} \tag{5-2}$$

여기에서, $\{\phi^{(e)}\}$는 요소의 영역변수의 절점 값이다. 미분방정식이 전체영역에 걸쳐서 성립해야 하므로 식 (5-1)은 전체 영역에 대한 것이다. 그런데, 우리는 요소라는 부영역에 관심이 있으므로, 전체영역의 범함수는 각 요소의 범함수의 총화로서

$$I = \sum^{N} I^{(e)} \tag{5-3}$$

이라 할 수 있다. N은 전체 영역을 구성하는 요소의 수이다. 식 (5-2)를 식 (5-1)에 대입하면 요소의 범함수는

$$I^{(e)} = \int_{v^{(e)}} f\left([N]\{\phi^{(e)}\}, \frac{\partial}{\partial x}[N]\{\phi^{(e)}\}, \cdots\right) dv \tag{5-4}$$

변분이론에 의해서

$$\delta I = 0 \tag{5-5}$$

이므로 이 식에 식 (5-3)을 대입하면

$$\begin{aligned} \delta I &= \delta(\sum^{N} I^{(e)}) \\ &= \sum^{N}(\delta I^{(e)}) \\ &= \sum^{N}\left(\frac{\partial I^{(e)}}{\partial\{\phi^{(e)}\}}\delta\{\phi^{(e)}\}\right) \\ &= 0 \end{aligned} \tag{5-6}$$

그런데, $\delta\{\phi^{(e)}\}$는 임의의 값이므로

$$\sum^{N} \frac{\partial I^{(e)}}{\partial\{\phi^{(e)}\}} = 0 \tag{5-7}$$

이 된다. 식 (5-7)은 주어진 미분방정식에 등가인 전체 영역에 대한 유한요소방정식이고 $\sum$내의

항은 각 요소의 유한요소 방정식이다. 즉, 전체 영역의 유한요소 방정식은 각 요소의 유한요소 방정식의 중첩으로 구성되는데 이러한 중첩과정을 제4장에서 설명하였듯이 유한요소법에서는 조립과정(assembly process)이라 한다. 이에 관해서는 여러 방법이 알려져 있다. 범함수 I가 변수 및 변수의 도함수의 2차인 경우엔 요소의 방정식은 항상

$$\frac{\partial I^{(e)}}{\partial\{\phi^{(e)}\}} = [k^{(e)}]\{\phi^{(e)}\} + \{f^{(e)}\} = 0 \tag{5-8}$$

의 형태로 유도된다. 앞서 설명했듯이 행렬 $[k^{(e)}]$를 요소의 계수행렬, 또는 특성행렬(coefficient matrix or property matrix)이라 하고 행렬 $\{f^{(e)}\}$를 입력 벡터(input vector or force vector)라 한다.

식 (5-7)이 의미하듯이 각 요소의 유한요소방정식이 식 (5-8)로 구해졌으면 전체 영역의 방정식은 그들의 중첩으로 구해진다.

$$\sum^{N}([k^{(e)}]\{\phi^{(e)}\} + \{f^{(e)}\}) = 0 \tag{5-9}$$

또는

$$[K]\{\Phi\} + \{F\} = 0 \tag{5-10}$$

식 (5-10)에서 $[K]$, $\{\Phi\}$와 $\{F\}$는 전체 영역에 대한 계수행렬, 변수의 절점 값, 그리고 입력 벡터로서 각 요소에 해당하는 것을 중첩함으로써 구해진다.

$$\begin{aligned} [K] &= \sum^{N}[k^{(e)}] \\ \{\Phi\} &= \sum^{N}\{\phi^{(e)}\} \\ \{F\} &= \sum^{N}\{f^{(e)}\} \end{aligned} \tag{5-11}$$

식 (5-10)은 주어진 미분방정식에 등가인 식이므로 이 방정식의 해를 구하면 다루는 문제의 근사해가 절점 값으로 구해진다. 요소 내에 있는 어떤 점에서 영역변수의 값을 구하려면 이미 설명한 대로 식 (5-2)를 이용하면 된다.

이상에서 설명한 과정을 거쳐서 편미분방정식

$$\frac{\partial^2\phi}{\partial x^2}+\frac{\partial^2\phi}{\partial y^2}-\alpha^2\phi=f \tag{5-12}$$

의 유한요소방정식을 유도해 보자.

위 미분방정식에 대응되는 범함수는 2장에서 설명한 과정을 거치면 다음과 같이 된다.

$$I=\int_A\frac{1}{2}\left\{\left(\frac{\partial\phi}{\partial x}\right)^2+\left(\frac{\partial\phi}{\partial y}\right)^2+\alpha^2\phi^2+2f\phi\right\}dxdy \tag{5-13}$$

여러 번 언급한 바와 같이 방정식 (5-12)의 해를 구하는 것은 방정식에 대응되는 범함수가 극값을 갖도록 하는 함수 ϕ를 구하는 것과 수학적으로 등가이다. 전체영역의 유한요소 방정식은 각 요소의 유한요소방정식의 중첩으로 구해지므로 요소에 대해서만 관심을 두면 된다.

영역변수의 근사함수를 형상함수를 이용해서 식 (5-2)로 정의한다. 식 (5-13)을 하나의 요소에 대한 것으로 다시 쓰면

$$I^{(e)}=\int_{A^{(e)}}\frac{1}{2}\left\{\left(\frac{\partial\phi}{\partial x}\right)^2+\left(\frac{\partial\phi}{\partial y}\right)^2+\alpha^2\phi^2+2f\phi\right\}dxdy \tag{5-14}$$

여기에서 $A^{(e)}$는 요소 내에서 적분한다는 것을 의미한다. 이 식에 ϕ의 근사식 (5-2)를 대입하여 행렬 형태로 쓰면

$$\begin{aligned}I^{(e)}=\int_{A^{(e)}}\frac{1}{2}\Bigg(&\left[\frac{\partial}{\partial x}[N]\{\phi^{(e)}\}\right]^T\left[\frac{\partial}{\partial x}[N]\{\phi^{(e)}\}\right]+\left[\frac{\partial}{\partial y}[N]\{\phi^{(e)}\}\right]^T\left[\frac{\partial}{\partial y}[N]\{\phi^{(e)}\}\right]\\&+\alpha^2[[N]\{\phi^{(e)}\}]^T[[N]\{\phi^{(e)}\}]+2f[N]\{\phi^{(e)}\}\Bigg)dxdy\end{aligned}$$

식을 간편하게 표현하기 위해서 $\partial[N]/\partial x=[N_x]$, $\partial[N]/\partial y=[N_y]$라 하자. 그러면, $I^{(e)}$는

$$I^{(e)}=\int_{A^{(e)}}\frac{1}{2}\left(\{\phi^{(e)}\}^T[N_x]^T[N_x]\{\phi^{(e)}\}+\{\phi^{(e)}\}^T[N_y]^T[N_y]\{\phi^{(e)}\}\right.$$

$$+\alpha^2\{\phi^{(e)}\}^T[N]^T[N]\{\phi^{(e)}\}+2f[N]\{\phi^{(e)}\}\Big)dxdy$$

이 식을 $\{\phi^{(e)}\}$에 대해 변분을 취하면

$$\begin{aligned}\delta I^{(e)} &= \frac{\partial I^{(e)}}{\partial\{\phi^{(e)}\}}\delta\{\phi^{(e)}\} \\ &= \delta\{\phi^{(e)}\}^T\Big(\int_{A^{(e)}}\big([N_x]^T[N_x]\{\phi^{(e)}\}+[N_y]^T[N_y]\{\phi^{(e)}\}+\alpha^2[N]^T[N]\{\phi^{(e)}\}+f[N]^T\big)dxdy\Big) \\ &= \delta\{\phi^{(e)}\}^T\Big(\int_{A^{(e)}}[N_x]^T[N_x]+[N_y]^T[N_y]+\alpha^2[N]^T[N]\big)dxdy\{\phi^{(e)}\}+\int_{A^{(e)}}f[N]^Tdxdy\Big) \\ &= 0 \end{aligned} \tag{5-15}$$

$\delta\{\phi^{(e)}\}$는 임의의 값이므로

$$\int_{A^{(e)}}\big([N_x]^T[N_x]+[N_y]^T[N_y]+\alpha^2[N]^T[N]\big)dxdy\{\phi^{(e)}\}+\int_{A^{(e)}}f[N]^Tdxdy=0 \tag{5-16}$$

또는

$$[k^{(e)}]\{\phi^{(e)}\}=\{f^{(e)}\} \tag{5-17}$$

여기에서 $[k^{(e)}]$와 $\{f^{(e)}\}$는 요소의 계수행렬과 입력 벡터로서 식 (5-16)에서부터 다음과 같다.

$$[k^{(e)}]=\int_{A^{(e)}}\big([N_x]^T[N_x]+[N_y]^T[N_y]+\alpha^2[N]^T[N]\big)dxdy \tag{5-18}$$

$$\{f^{(e)}\}=-\int_{A^{(e)}}f[N]^Tdxdy \tag{5-19}$$

이 두 행렬의 성분은

$$k_{ij}^{(e)}=\int_{A^{(e)}}\big(N_{xi}N_{xj}+N_{yi}N_{yj}+\alpha^2N_iN_j\big)dxdy \tag{5-20}$$

$$f_i^{(e)}=-\int_{A^{(e)}}fN_idxdy \tag{5-21}$$

식 (5-18)과 (5-19)로부터 요소의 유한요소방정식이 유도되고 조립과정을 거쳐서 전체영역에 대한 유한요소방정식

$$[K]\{\Phi\}=\{F\} \tag{5-22}$$

이 구성된다. 여기에서 $[K]$와 $\{F\}$는 식 (5-18)과 (5-19)의 각 요소의 계수행렬과 입력 벡터를 중첩해서 구해진다.

$$[K]=\sum^{N}[K^{(e)}] \tag{5-23}$$

$$\{F\}=\sum^{N}\{f^{(e)}\} \tag{5-24}$$

식 (5-22)의 방정식은 통상 미지 계수인 영역변수의 절점 값 $\{\Phi\}$에 관한 다원연립방정식이고 이를 $\{\Phi\}$에 대해 풀면 범함수 식 (5-13)이 극값을 가지게 하는 함수 ϕ, 즉 미분방정식 (5-12)의 근사해를 절점에서의 값으로 구하게 된다. 만일 절점에서가 아닌 요소의 내부에서 ϕ의 값을 구하고자 할 때는 식 (5-2)를 이용한다는 것은 이미 언급한 바와 같다.

5-2 Galerkin 법에 의한 정식화

2장에서 설명한 바와 같이 변분법에서는 미분방정식에 대응하는 범함수를 구해야 하지만 가중잔여법에서는 범함수가 요구되지 않으므로 범함수가 존재하지 않거나 구하기 어려운 문제에도 적용할 수 있다. 가중잔여법 중에서 Galerkin 법을 유한요소법의 정식화에 주로 사용한다. 그래서 여기에서는 Galerkin 법에 의한 유한요소방정식을 유도하기로 한다.

미분방정식이

$$A\phi-f=0 \tag{5-25}$$

으로 주어졌을 때 하나의 요소에 대해서만 관심을 두면 근사함수로서 식 (5-2)를 정의할 수 있다. 여기에서 A는 미분연산자이고 $\{\phi\}$는 영역변수이다. 식 (5-2)를 대입하면 미분방정식을 완전히 만족하지 않는다.

$$A([N]\{\phi^{(e)}\})-f=\epsilon \tag{5-26}$$

여기에서 $\epsilon \neq 0$ 이다.

가중잔여법에 의해 근사함수가 미분방정식의 해가 되기 위해서는 잔여값 ϵ은 가중함수 $[w]$로 구성된 공간에 대해 상호수직투사(orthogonal projection)가 되어야 한다. 즉, $[w]$와 ϵ의 내적이 영이 될 때 그 함수는 주어진 미분방정식의 근사해가 된다.

$$([w],\epsilon)=0 \tag{5-27}$$

Galerkin 법에서는 가중함수를 근사함수로 구성하는 좌표함수와 같은 것을 택하므로 여기에서의 가중함수는 바로 형상함수이다. 따라서 식 (5-27)은

$$([N],\epsilon)=0 \tag{5-28}$$

식 (5-28)에 식 (5-26)을 대입하면

$$\begin{aligned}([N],A([N]\{\phi^{(e)}\})-f) &= \int_{v^{(e)}}[N]^T\{A([N]\{\phi^{(e)}\})-f\}dv \\ &= \int_{v^{(e)}}[N]^TA([N]\{\phi^{(e)}\})dv-\int_{v^{(e)}}[N]^Tfdv \\ &= 0\end{aligned} \tag{5-29}$$

$\{\phi^{(e)}\}$는 절점 값이므로 위 식은

$$\left(\int_{v^{(e)}}[N]^T(A[N])dv\right)\{\phi^{(e)}\}-\int_{v^{(e)}}[N]^Tfdv=0 \tag{5-30 a}$$

또는

$$[k^{(e)}]\{\phi^{(e)}\}=\{f^{(e)}\} \tag{5-33 b}$$

여기에서 $[k^{(e)}]$와 $\{f^{(e)}\}$는 요소의 계수행렬과 입력 벡터로서 식 (5-30 a)에서

$$[k^{(e)}] = \int_{v^{(e)}} [N]^T (A[N]) dv \tag{5-31 a}$$

$$\{f^{(e)}\} = \int_{v^{(e)}} [N]^T f dv \tag{5-31 b}$$

전체 영역에 대한 유한요소방정식을 구성하는 것은 §5-1에서 언급한 것과 같다.

Galerkin 법 등의 가중잔여법에서는 미분연산자 A가 피적분항에 포함되어 있고, 이는 변분법의 범함수에서의 도함수보다 고개이다. 따라서 형상함수를 정의할 때 변분법에 의한 과정보다 보다 더 고계의 도함수가 연속인 함수를 택해야 하는 어려움이 있다. 그러나 식 (5-30)을 Gauss 정리를 적용해서 도함수의 계수를 변분법의 범함수에 포함된 도함수의 계수와 같도록 낮출 수 있다. 따라서 변분법에 의한 접근법에서와 같은 연속조건을 만족하는 형상함수를 택하여 문제를 처리할 수 있다.

§5-1에서 다룬 문제를 Galerkin 법으로 유한요소방정식을 구해 보자. 근사함수를 ϕ라 하고, 이를 식 (5-12)의 미분방정식에 대입했을 때의 잔여값 ϵ과 가중함수와의 내적은, 가중삼수로써 형성함수를 택하므로

$$\int_{A^{(e)}} [N]^T \left(\frac{\partial^2 \phi}{\partial x^2} + \frac{\partial^2 \phi}{\partial y^2} - \alpha^2 \phi - f \right) dxdy = 0 \tag{5-32}$$

피적분함수의 차수를 낮추기 위해 Gauss 정리를 이용하면 다음과 같다.

$$\begin{aligned}
\int_{A^{(e)}} [N]^T \left(\frac{\partial^2 \phi}{\partial x^2} + \frac{\partial^2 \phi}{\partial y^2} \right) dxdy &= \int_{A^{(e)}} \left([N]^T \frac{\partial^2 \phi}{\partial x^2} + [N]^T \frac{\partial^2 \phi}{\partial y^2} \right) dxdy \\
&\equiv \int_s [N^*]^T \frac{\partial \phi}{\partial x} dy + \int_s [N^*]^T \frac{\partial \phi}{\partial y} dx - \int_{A^{(e)}} \left(\frac{\partial [N]^T}{\partial x} \frac{\partial \phi}{\partial x} + \frac{\partial [N]^T}{\partial y} \frac{\partial \phi}{\partial y} \right) dxdy \\
&\equiv \oint_s [N^*]^T \frac{\partial \phi}{\partial x} l_{nx} ds + \oint_s [N^*]^T \frac{\partial \phi}{\partial y} l_{ny} ds - \int_{A^{(e)}} \left(\frac{\partial [N]^T}{\partial x} \frac{\partial \phi}{\partial x} + \frac{\partial [N]^T}{\partial y} \frac{\partial \phi}{\partial y} \right) dxdy \\
&= \oint_s [N^*]^T \left(\frac{\partial \phi}{\partial x} l_{nx} + \frac{\partial \phi}{\partial y} l_{ny} \right) ds - \int_{A^{(e)}} \left(\frac{\partial [N]^T}{\partial x} \frac{\partial \phi}{\partial x} + \frac{\partial [N]^T}{\partial y} \frac{\partial \phi}{\partial y} \right) dxdy
\end{aligned} \tag{5-33}$$

여기에서 l_{nx}와 l_{ny}는 경계에서 단위법선 벡터 n의 성분으로서 방향여현(direction cosine)이고, $[N^*]$는 요소의 경계에서 정의되는 형상함수이다.

$$\oint_s [N^*]^T\left(\frac{\partial\phi}{\partial x}l_{nx}+\frac{\partial\phi}{\partial y}l_{ny}\right)ds=\oint_s [N^*]^T\frac{\partial\phi}{\partial n}ds$$

이므로

$$\int_{A^{(e)}}[N]^T\left(\frac{\partial^2\phi}{\partial x^2}+\frac{\partial^2\phi}{\partial y^2}\right)dxdy$$
$$=\oint_s [N]^T\frac{\partial\phi}{\partial n}ds-\int_{A^{(e)}}\left(\frac{\partial[N]^T}{\partial x}\frac{\partial\phi}{\partial x}+\frac{\partial[N]^T}{\partial y}\frac{\partial\phi}{\partial y}\right)dxdy \tag{5-34}$$

따라서 식 (5-32)는

$$\int_{A^{(e)}}\left(\frac{\partial[N]^T}{\partial x}\frac{\partial\phi}{\partial x}+\frac{\partial[N]^T}{\partial y}\frac{\partial\phi}{\partial y}+\alpha^2[N]^T\phi+[N]^Tf\right)dxdy-\oint_s[N^*]^T\frac{\partial\phi}{\partial n}ds=0 \tag{5-35}$$

$\phi=[N]\{\phi^{(e)}\}$를 대입하고 식을 간편하게 쓰기 위하여 $\partial[N]/\partial x=[N_x]$, $\partial[N]/\partial y=[N_y]$로 하면

$$\left\{\int_{A^{(e)}}\left([N_x]^T[N_x]+[N_y]^T[N_y]+\alpha^2[N]^T[N]\right)dxdy\right\}\{\phi^{(e)}\}$$
$$+\int_{A^{(e)}}[N]^Tfdxdy-\oint_s[N^*]\frac{\partial\phi}{\partial n}ds=0 \tag{5-36}$$

또는 간단하게

$$[k^{(e)}]\{\phi^{(e)}\}=\{f^{(e)}\}+\int_s[N^*]\frac{\partial\phi}{\partial n}ds=0 \tag{5-37}$$

여기에서 $[k^{(e)}]$와 $\{f^{(e)}\}$는 식 (5-18), (5-19)와 같다. 변분법에 의한 결과와 비교해 보면 식 (5-37)의 마지막 항에 면적분 항이 있다는 것이 차이가 있다. 만일 경계에서 $\frac{\partial\phi}{\partial n}=0$인 경계조건(homogeneous boundary condition)이 주어졌다면 두 방법에 의한 결과는 완전히 일치한다. 그러나 가중함수를 다른 것으로 택하면 두 방법 사이의 동일성은 없어진다.

가중잔여법에서는 범함수가 요구되지 않고 미분방정식을 직접 이용하여 변분법에 의한 결과와 같은 것을 얻었다는 것은 매우 흥미 있는 사실이다. 이는 물리적으로 포텐셜이 존재하지 않거나 구하기 어려운 문제의 범위에까지 적용할 수 있다는 것을 의미한다.

변분법과 Galerkin 법을 유한요소법에 적용하는 이상의 과정을 좀 더 확실히 이해하기 위해 다음의 예제를 다루어 보자. 방정식 (5-12)의 1차원인 문제로서 방정식이

$$\frac{d^2\phi}{dx^2}-\alpha^2\phi-f=0,\ 0\le x\le 2 \qquad \text{(E 6-1)}$$

로 주어져 있다. 전체영역 $0\le x\le 2$를 그림 5-1과 같이 동일한 길이를 갖는 4개의 요소로 분할하였다. 요소의 단면적은 A로서 같다고 한다.

먼저 변분법에 의해 다루어 보자. 식 (E 6-1)에 대응되는 변분원리는 하나의 요소에 대해서

$$I^{(e)}=\int_{v^{(e)}}\frac{1}{2}\left\{\left(\frac{\partial\phi}{\partial x}\right)^2+\alpha^2\phi^2+2f\phi\right\}dv \qquad \text{(E 6-2)}$$

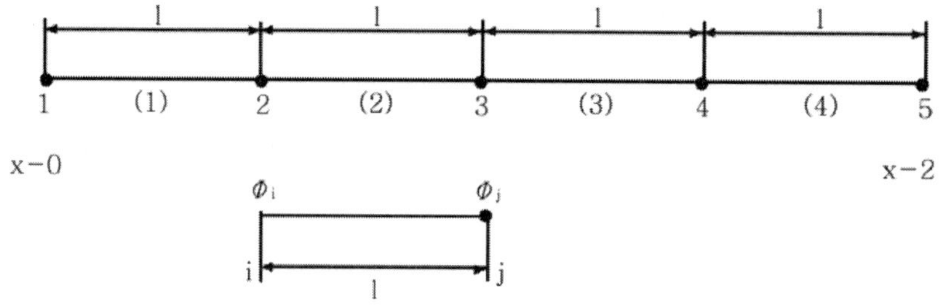

[그림 5-1]

$dv=Adx$ 임을 고려하면

$$I^{(e)}=A\int_0^l\frac{1}{2}\left\{\left(\frac{\partial\phi}{\partial x}\right)^2+\alpha^2\phi^2+2f\phi\right\}dx \qquad \text{(E 6-3)}$$

형상함수를 $[N]$ 이라 하면

$$\phi=[N]\{\phi^{(e)}\} \qquad \text{(E 6-4)}$$

여기에서

$$[N] = [N_i \ N_j] = \left[\left(1-\frac{x}{l}\right) \ \frac{x}{l}\right] \tag{E 6-5}$$

$$\{\phi^{(e)}\} = [\phi_i \ \phi_j]^T \tag{E 6-6}$$

ϕ_i와 ϕ_j는 절점 i와 j에서의 절점 값이다. 식 (E 6-4)를 이용하면

$$\frac{\partial I^{(e)}}{\partial\{\phi^{(e)}\}} = A\int_o^l \left(\frac{d[N]^T}{dx}\frac{d[N]}{dx} + \alpha^2 [N]^T[N]\right)dx\,\{\phi^{(e)}\} + A\int_0^l f[N]^T dx = 0$$

이 식에 식 (E 6-5)를 대입하면

$$\begin{aligned}
\frac{\partial I^{(e)}}{\partial\{\phi^{(e)}\}} &= A\int_0^l \left(\frac{1}{l^2}\begin{bmatrix}-1\\ 1\end{bmatrix}[-1 \quad 1] + \alpha^2 \begin{bmatrix}\left(1-\frac{x}{l}\right)\\ \frac{x}{l}\end{bmatrix}\left[\left(1-\frac{x}{l}\right) \quad \frac{x}{l}\right]\right)\begin{Bmatrix}\phi_i\\ \phi_j\end{Bmatrix}dx + A\int_0^l f\begin{Bmatrix}\left(1-\frac{x}{l}\right)\\ \frac{x}{l}\end{Bmatrix}dx \\
&= A\left(\frac{1}{l}\begin{bmatrix}1 & -1\\ -1 & 1\end{bmatrix} + \frac{\alpha^2 l}{6}\begin{bmatrix}2 & 1\\ 1 & 2\end{bmatrix}\right)\begin{Bmatrix}\phi_i\\ \phi_j\end{Bmatrix} + \frac{Alf}{2}\begin{Bmatrix}1\\ 1\end{Bmatrix} \\
&= A\begin{bmatrix}\left(\frac{1}{l}+\frac{\alpha^2 l}{3}\right) & \left(\frac{\alpha^2 l}{6}-\frac{1}{l}\right)\\ \left(\frac{\alpha^2 l}{6}-\frac{1}{l}\right) & \left(\frac{1}{l}+\frac{\alpha^2 l}{3}\right)\end{bmatrix}\begin{Bmatrix}\phi_i\\ \phi_j\end{Bmatrix} + \frac{Alf}{2}\begin{Bmatrix}1\\ 1\end{Bmatrix} = 0
\end{aligned} \tag{E 6-7}$$

또는 유한요소방정식이 다음의 형태가 된다.

$$[k^{(e)}]\{\phi^{(e)}\} = \{f^{(e)}\} \tag{E 6-8}$$

식 (E 6-7)에서부터 식 (E 6-8)의 계수행렬과 입력 벡터는

$$[k^{(e)}]=A\begin{bmatrix}\left(\frac{1}{l}+\frac{\alpha^2 l}{3}\right) & \left(\frac{\alpha^2 l}{6}-\frac{1}{l}\right)\\ \left(\frac{\alpha^2 l}{6}-\frac{1}{l}\right) & \left(\frac{1}{l}+\frac{\alpha^2 l}{3}\right)\end{bmatrix}=\begin{bmatrix}k_{11}^{(e)} & k_{12}^{(e)}\\ k_{21}^{(e)} & k_{22}^{(e)}\end{bmatrix} \tag{E 6-9}$$

$$\{f^{(e)}\}=-\frac{Alf}{2}\begin{Bmatrix}1\\1\end{Bmatrix}=\begin{Bmatrix}f_1^{(e)}\\f_2^{(e)}\end{Bmatrix} \tag{E 6-10}$$

다음으로 Galerkin 법으로 유한요소방정식을 유도해 보자. 방정식 (E 6-1)에 근사함수 식 (E 6-4)를 대입하면

$$\frac{d^2}{dx^2}[N]\{\phi^{(e)}\}-\alpha^2[N]\{\phi^{(e)}\}-f=\epsilon \tag{E 6-11}$$

형상함수를 가중함수로 택하고 잔여값 ϵ 과의 내적은

$$([N],\epsilon)=A\int_0^l [N]^T\left(\frac{d^2}{dx^2}[N]\{\phi^{(e)}\}-\alpha^2[N]\{\phi^{(e)}\}-f\right)dx \tag{E 6-12}$$

위 식의 우변의 적분에서 첫 항을 다음과 같이 처리한다.

$$\int_0^l [N]^T\frac{d^2}{dx^2}[N]\{\phi^{(e)}\}dx=\oint_s [N^*]^T\frac{d\phi_b}{dx}dx-\int_0^l\frac{d[N]^T}{dx}\frac{d[N]}{dx}\{\phi^{(e)}\}dx \tag{E 6-13}$$

$\frac{d\phi_b}{dx}$ 는 경계에서 주어지는 값이고 $[N^*]$ 는 경계에서 정의되는 형상함수이다. 따라서 식 (E 6-12)는

$$([N],\epsilon)=A\oint_s [N^*]^T\frac{d\phi_b}{dx}dx-A\int_0^l\left(\frac{d[N]^T}{dx}\frac{d[N]}{dx}+\alpha^2[N]^T[N]\right)\{\phi^{(e)}\}dx-A\int_0^l[N]^T f dx$$
$$=0 \tag{E 6-14}$$

식 (E 6-14)의 첫 항은 경계조건에 의해 결정되며, 두 번째와 세 번째 항에서 계수행렬과 입력

벡터가 식 (E 6-9), (E 6-10)과 동일한 형태로 구해진다. 각 요소에 대해 식 (E 6-14)의 첫 항을 살펴보자.

1차원 요소의 경계는 곧 절점이 되는데, 그림 5-1에서 전체 영역에서의 경계는 절점 1과 5가 된다. 절점 1에서의 $[N^*]$는

$$[N_i]\,|_{x=0} = 1 - \frac{x}{l}\bigg|_{x_j=0} = 1 \tag{E 6-15}$$

마찬가지로 절점 6에서의 $[N^*]$는

$$[N_j]\,|_{x=l} = \frac{x}{l}\bigg|_{x_j=l} = 1 \tag{E 6-16}$$

따라서

$$\oint_s [N^*]^T \frac{d\phi_b}{dx} = \frac{d\phi_b}{dx}\bigg|_{x=0,2} \tag{E 6-17}$$

만일 경계조건이 Dirichlet 형으로 주어져 있으면 $\oint_s [N^*]^T \frac{d\phi_b}{dx} = 0$이므로 Galerkin 법에 의한 유한요소방정식은 변분법에 의한 것과 동일하다.

식 (E 6-9)와 (E 6-10)의 계수행렬과 입력 벡터를 이용해서 전체 영역의 계수행렬과 입력 벡터를 쓰면

$$[K] = \sum^4 [k^{(e)}]$$
$$= \begin{bmatrix} k_{11}^{(1)} & k_{12}^{(1)} & & & \\ k_{21}^{(1)} & k_{22}^{(1)} + k_{11}^{(2)} & k_{12}^{(2)} & & \\ & k_{21}^{(2)} & k_{22}^{(2)} + k_{11}^{(3)} & k_{12}^{(3)} & \\ & & k_{21}^{(3)} & k_{22}^{(3)} + k_{11}^{(4)} & k_{12}^{(4)} \\ & & & k_{21}^{(4)} & k_{22}^{(4)} \end{bmatrix} \tag{E 6-18}$$

$$\{F\} = \sum^{4}\{f^{(e)}\}$$

$$= \begin{Bmatrix} f_1^{(1)} \\ f_2^{(1)} + f_1^{(2)} \\ f_2^{(2)} + f_1^{(3)} \\ f_2^{(3)} + f_1^{(4)} \\ f_2^{(4)} \end{Bmatrix} \qquad \text{(E-6-19)}$$

여기에서 $k_{ij}^{(e)}$의 (e)는 요소의 번호이고 i와 j는 식 (E 6-9)에서 계수행렬의 위치를 나타낸다. 또한 $f_i^{(e)}$는 요소 (e)의 i번째 열의 입력 벡터이다.

$\alpha = -1$이고 $f = 0$ 일 때 경계조건으로서 $\phi(0) = 1$, $\phi(2) = 7.389$가 주어졌다고 하자. $l = 0.5$이므로 식 (E 6-9)에서 $A = 1$로 하면

$$[k^{(e)}] = \begin{bmatrix} 2.1667 & -1.9167 \\ -1.9367 & 2.1667 \end{bmatrix}$$

이고,

$$\{f^{(e)}\} = \begin{Bmatrix} 0 \\ 0 \end{Bmatrix}$$

따라서 요소의 유한요소 방정식은

$$\begin{bmatrix} 2.1667 & -1.9167 \\ -1.9167 & 2.1667 \end{bmatrix} \begin{Bmatrix} \phi_i \\ \phi_j \end{Bmatrix} = \begin{Bmatrix} 0 \\ 0 \end{Bmatrix} \qquad \text{(E 6-20)}$$

이고, 전체 영역의 유한요소 방정식은 다음과 같다.

$$\begin{bmatrix} 2.1667 & -1.9167 & & & \\ -1.9167 & 4.3334 & -1.9167 & & \\ & -1.9167 & 4.3334 & -1.9167 & \\ & & -1.9167 & 4.3334 & -1.9167 \\ & & & -1.9167 & 2.1667 \end{bmatrix} \begin{Bmatrix} \phi_1 \\ \phi_2 \\ \phi_3 \\ \phi_4 \\ \phi_5 \end{Bmatrix} = \begin{Bmatrix} 0 \\ 0 \\ 0 \\ 0 \\ 0 \end{Bmatrix} \qquad \text{(E 6-21)}$$

식 (E 6-21)의 해는 계수행렬의 Determinant가 영이므로 이 상태에서는 존재하지 않고 주어진 경계조건을 이용하여 위 방정식을 변형해야 한다. §4-4에서 설명한 경계조건을 처리하는 과정에 따라 $\phi(0) = \phi_1 = 1$과 $\phi(2) = \phi_5 = 7.389$를 이용하여 식 (E 6-21)를 변형하고 이를 전개해서 표현하면

$$\begin{aligned} &\phi_1 = 1 \\ &-1.9167 \cdot 1 + 4.3334\phi_2 - 1.9167\phi_3 = 0 \\ &-1.9167\phi_2 + 4.3334\phi_3 - 1.9167\phi_4 = 0 \\ &-1.9167\phi_3 + 4.3334\phi_4 - 1.9167 \cdot 7.389 = 0 \\ &\phi_5 = 7.389 \end{aligned}$$

이를 행렬식으로 쓰면

$$\begin{bmatrix} 1 & 0 & 0 & 0 & 0 \\ 0 & 4.3334 & -1.9167 & 0 & 0 \\ 0 & -1.9167 & 4.3334 & -1.9167 & 0 \\ 0 & 0 & -1.9167 & 4.3334 & 0 \\ 0 & 0 & 0 & 0 & 1 \end{bmatrix} \begin{Bmatrix} \phi_1 \\ \phi_2 \\ \phi_3 \\ \phi_4 \\ \phi_5 \end{Bmatrix} = \begin{Bmatrix} 1 \\ 1.9167 \\ 0 \\ 14.1625 \\ 7.389 \end{Bmatrix} \qquad \text{(E 6-22)}$$

해석적인 방법으로 구한 방정식 (E 6-1)의 해는 $\phi(x) = e^{-x}$이다. 이 해와 식 (E 6-22)에서 구한 절점 값과 비교하기 위해 표 4-1을 작성하였다.

[표 5-1]

분류 \ x	0	0.5	1.0	1.5	2
정　　해	1	1.648	2.718	4.481	7.389
유한요소법의 해	1	1.635	2.696	4.461	7.389

표 5-1에서 보는 바와 같이 유한요소법에 의한 해는 정해$\left(\phi(x) = e^{-x}\right)$와 비교해 볼 때 오차가 1% 이하로 좋은 결과를 얻었다. 요소의 수를 증가시키면 정해에 더 수렴하는 값을 구할 수 있을 것이다.

5-3 요약

본장에서는 2장에서 설명한 변분법과, 그리고 가중잔여법 중에서 Galerkin 법에 의한 유한요소 방정식의 정식화 과정을 예제와 함께 설명하였다. 그 예제에서 알 수 있는 바와 같이 변분법과 Galerkin 법에 의해서 동일한 결과를 얻었다. 특히 Galerkin 법은 물리적으로 포텐셜이 존재하지 않거나 구하기 어려운 문제에도 적용이 가능하고, 또한 Galerkin 법은 비선형방정식을 정식화하는 데에도 유용한 방법이다.

본장의 내용을 2장의 내용과 관련시켜서 공부하면 이해에 큰 도움이 되리라 생각한다.

제6장

탄성학 개요와 탄성학에서의 경계값 문제

6-1 탄성학 개요

6-1-1 일반

제1장에서 언급한 바와 같이 유한요소법의 본격적인 이용은 복잡한 구조물의 구조해석에서부터 시작되었다. 그래서 유한요소법에 관한 많은 문헌들이 고체역학과 관련된 문제를 많이 다루고 있다.

고체역학에 관한 문제는 주어진 경계조건을 만족하는 미분방정식의 해를 직접 구하거나, 에너지 또는 일의 개념을 도입하여 근사적으로 요구하는 해를 구한다. 극히 간단한 기하학적 형상을 갖고 경계조건도 간단할 때, 미분방정식 즉 평형방정식을 직접 풀어서 해를 정확하게 구할 수 있지만, 평형방정식의 해를 직접 구하기 어렵거나 또는 주어진 문제의 기하학적 형상이나 경계조건이 복잡한 경우에는 평형방정식을 직접 푼다는 것은 거의 불가능하다고 할 수 있다. 설사 가능하다 하더라도 매우 복잡하고 지루한 계산과정을 필요로 한다. 그래서 많은 학자들에 의해 고체역학 문제를 근사적으로 해결하는 여러 방법들이 연구되어 많은 문제들을 성공적으로 해결하였고, 또한 구조해석에의 유한요소법의 적용에도 이러한 근사적 방법을 도입하였다.

고체역학과 관련된 문제를 해결하기 위한 접근방법은 미지수로서, 어느 것을 택하느냐에 따라서 변위법(displacement method)과 응력법(force method) 및 혼합법(mixed method)으로 분류한다.

변위법에서는 변위의 경계조건을 만족하는 변위의 식을 선정하고, 평형방정식을 변위의 항으로 정의하면, 이 평형방정식의 해가 곧 그 영역에서의 변위가 된다. 응력은 응력과 변위의 관계식에서 구한다. 응력법에서는 응력의 경계조건을 만족하는 응력의 식을 정의하고 평형방정식을 응력의 항으로 정의하면 이 평형방정식의 해가 곧 그 영역에서의 응력이 된다. 변위가 요구될 때는 변위와 응력의 관계식에서 구한다. 혼합법은 미지수로써 변위에 경계조건을 만족하는 변위의 식과 응력의 경계조건을 만족하는 응력의 식을 선택하여 변위와 응력을 동시에 구한다.

변위법에서 변위는 정확하게 구해지지만, 응력은 정확하지 않고, 응력법에서는 그 반대이다. 혼합법은 앞의 두 방법의 장점을 취하여, 변위와 응력을 모두 정확하게 구한다.

근사해법으로서, 가상 일의 원리, 가상 변위의 원리, 단위 변위법, 전 포텐셜 에너지의 원리 및 Castigliano의 제1정리 등은 변위법에 속하고, 가상 응력의 원리, 단위 응력법, 보가상 일의 원리, 전 보포텐셜 에너지의 원리 및 Castigliano의 제2정리 등은 응력법에 속한다. 혼합법에는 Reissner의 원리 등이 있다.

변위법 또는 응력법을 변분이론과 관련시켜서 고체역학 문제에 처음 도입할 때, 미지의 변수를 전자에서는 변위 또는 그에 상당하는 것, 그리고 후자에서는 응력 또는 그에 상당하는 것에 대해 변분을 취하여 미지의 변수들을 결정하였다. 이러한 이유에서 미지 변수들을 각 경우에서 변위에 상당하는 것을 일반화 된 변위(generalized displacement)라 하고, 응력에 상당하는 것을 일반화 된 응력(generalized stress)이라고 한다. 만일 Ritz 법을 유한요소법에 적용했을 때 Ritz 계수는 바로 일반화된 변위 또는 일반화된 응력이 된다.

고체역학과 관련된 분야들을 표 5-4에 열거하였다. 여기에서는 탄성학 이론에서 유도된 기본 방정식들을 이용하고, 변위를 가정함으로써 에너지 원리로부터 유한요소방정식을 구하였다.

관련된 실제 문제로서 축 하중을 받는 부재의 응력해석, 평면응력과 평면변형률 문제의 응력해석을 다루었다.

[표 6-1] 구조역학과 관련된 분야

분 류	전형적인 응용분야
I 2차원 응력 해석	
A 평면 변형률	댐, 파묻힌 파이프
B 평면 응력	구멍이나 노치를 가진 판의 잡아당김, 전단벽, 깊은 보의 굽힘
C 축대칭	두꺼운 축대칭 쉘, 핵 반응 용기, 로케트 모터와 열 방벽, 기계요소
II 3차원 응력 해석	핵반응 용기, 아치 댐과 그 기반, 기계 요소, 두꺼운 쉘
III 판의 굽힘	마루 슬래브, 선박 갑판, 선각, 격벽판 등, 항공기와 우주선의 판넬
IV 쉘의 굽힘과 당김	
A 축대칭	지붕의 돔, 물과 연료 탱크, 압력 용기, 항공기 구조물
B 일 반	얇은 댐, 쉘 지붕, 선각, 항공기와 우주선의 판넬, 환형 연결 부분
V 안정성(좌굴)	보와 기둥, 뼈대, 판, 쉘, 보강판
VI 복합 구조물	각진 보를 가진 판, 보강판과 쉘, 빌딩의 마루, 뼈대-벽-마루 시스템, 교량 시스템, 접혀진 판으로 된 지붕 시스템, 원통형 쉘 지붕 시스템, 판과 박스형 거어더, 구조용 조인트, 선박, 항공기 구조물

6-1-2 기본 방정식

(1) 응 력

하중을 받는 물체 내에 발생하는 응력은 일반적으로 $\tau_{ij}(i,j=x,y,z)$의 9개 성분으로 구성된다. 물체 내부에 모우먼트(body moment)가 없는 경우에는 응력이 $\tau_{ij}=\tau_{ji}$로서 대칭이 되므로 응력은 6개의 성분이 된다. 이를 벡터 형식으로 쓰면

$$\{\sigma\}=\left[\sigma_x\ \sigma_y\ \sigma_z\ \tau_{xy}\ \tau_{yz}\ \tau_{zx}\right]^T \tag{6-1}$$

여기에서 σ_x, σ_y와 σ_z는 법선응력성분(normal stress component)이고 τ_{xy}, τ_{yz}과 τ_{zx}는 전단응력성분(shear stress component)이다. 양의 면(positive face) 위에서 양의 방향으로 작용하는 응력과 음의 면(negative face) 위에서 음의 방향으로 작용하는 응력은 양의 부호를 갖고, 다른 경우에는 음의 부호를 갖는다. 양의 면이라 함은 면 위의 어떤 점에서 밖으로 향하는 법선 벡터의 방향이 좌표계의 양의 방향일 때 그 면을 양의 면이라고 하고, 음의 방향일 때 그 면을 음의 면이라 한다.

만일 좌표축이 응력의 주축(principal axis of stress)과 일치하면, 그 면 위에서 전단응력은 없으므로 응력 벡터 $\{\sigma\}$는

$$\{\sigma\}=\left[\sigma_1\ \sigma_2\ \sigma_3\ 0\ 0\ 0\right] \tag{6-2}$$

가 된다. σ_1, σ_2와 σ_3는 주응력(principal stress)이다.

응력의 불변값들(stress invariants)은 다음과 같다.

$$J_1=\sigma_x+\sigma_y+\sigma_z \tag{6-3a}$$

$$J_2=\sigma_x\sigma_y+\sigma_y\sigma_z+\sigma_z\sigma_x-\tau_{xy}^2-\tau_{yz}^2-\tau_{zx}^2$$

$$J_3=\sigma_x\sigma_y\sigma_z+2\tau_{xy}\tau_{yz}\tau_{zx}-\tau_{yz}^2\sigma_x-\tau_{zx}^2\sigma_y-\tau_{xy}^2\sigma_z$$

만일 주응력으로 표현하면

$$J_1 = \sigma_1 + \sigma_2 + \sigma_3 \tag{6-3b}$$

$$J_2 = \sigma_1\sigma_2 + \sigma_2\sigma_3 + \sigma_3\sigma_1$$

$$J_3 = \sigma_1\sigma_2\sigma_3$$

(2) 변형률

식 (6-1)의 6개의 응력성분에 대응되는 변형률 성분 $\{\epsilon\}$은

$$\{\epsilon\} = \left[\epsilon_x \;\; \epsilon_y \;\; \epsilon_z \;\; \epsilon_{xy} \;\; \epsilon_{yz} \;\; \epsilon_{zx}\right]^T \tag{6-4}$$

좌표축이 주축과 일치할 때 주변형률는

$$\{\epsilon\} = \left[\epsilon_1 \; \epsilon_2 \; \epsilon_3 \; 0 \; 0 \; 0\right]^T \tag{6-5}$$

또한 응력의 불변값과 마찬가지로 변형률의 불변값들(strain invariants)은

$$I_1 = \epsilon_x + \epsilon_y + \epsilon_z \tag{6-6a}$$

$$I_2 = \epsilon_x\epsilon_y + \epsilon_y\epsilon_z + \epsilon_z\epsilon_x - \epsilon_{xy}^2 - \epsilon_{yz}^2 - \epsilon_{zx}^2$$

$$I_3 = \epsilon_x\epsilon_y\epsilon_z + 2\epsilon_{xy}\epsilon_{yz}\epsilon_{zx} - \epsilon_{yz}^2\epsilon_x - \epsilon_{zx}^2\epsilon_y - \epsilon_{xy}^2\epsilon_z$$

만일 주변형률로 표현하면

$$I_1 = \epsilon_1 + \epsilon_2 + \epsilon_3 \tag{6-6b}$$

$$I_2 = \epsilon_1\epsilon_2 + \epsilon_2\epsilon_3 + \epsilon_3\epsilon_1$$

$$I_3 = \epsilon_1\epsilon_2\epsilon_3$$

(3) 변형률과 변위의 관계식

변형률, ϵ_{ij}와 변위, u_i사이에는 Green-strain tensor 에 의해 일반적으로

$$\epsilon_{ij} = \frac{1}{2}(u_{i,j} + u_{j,i} + u_{k,i} \cdot u_{k,j}), \quad i, j = x, y, z \tag{6-7}$$

의 관계가 있다. 여기에서 우변의 괄호 안의 마지막 항인 2차항은 미소변형시 무시할 수 있으므로 변형률과 변위 사이의 관계식은

$$\epsilon_{ij} = \frac{1}{2}(u_{i,j} + u_{j,i}) \tag{6-8a}$$

가 된다. $i,j = x,y,z$ 로 하고, x,y,z 방향으로의 변위를 u,v,w 라 하면 변형률과 변위 사이의 관계식은 다음과 같이 된다.

$$\begin{aligned}
\epsilon_x &= \frac{\partial u}{\partial x} \quad & \epsilon_{xy} &= \frac{1}{2}\left(\frac{\partial v}{\partial x} + \frac{\partial u}{\partial y}\right) \\
\epsilon_y &= \frac{\partial v}{\partial y} \quad & \epsilon_{yz} &= \frac{1}{2}\left(\frac{\partial w}{\partial y} + \frac{\partial v}{\partial z}\right) \\
\epsilon_z &= \frac{\partial w}{\partial z} \quad & \epsilon_{zx} &= \frac{1}{2}\left(\frac{\partial u}{\partial z} + \frac{\partial w}{\partial x}\right)
\end{aligned} \tag{6-8b}$$

ϵ_{xy}, ϵ_{yz}, ϵ_{zx} 는 역학적 변형률(mechanical strain)인데, 고체역학에서는 공학적 변형률(engineering strain)인 $\gamma_{xy} = 2\epsilon_{xy}$, $\gamma_{yz} = 2\epsilon_{yz}$, $\gamma_{zx} = 2\epsilon_{zx}$ 를 주로 사용한다. 공학적 변형률로써 식 (6-8b)를 다시 표현하면

$$\begin{aligned}
\epsilon_x &= \frac{\partial u}{\partial x} \quad & \gamma_{xy} &= \frac{\partial v}{\partial x} + \frac{\partial u}{\partial y} \\
\epsilon_y &= \frac{\partial v}{\partial y} \quad & \gamma_{yz} &= \frac{\partial w}{\partial y} + \frac{\partial v}{\partial z} \\
\epsilon_z &= \frac{\partial w}{\partial z} \quad & \gamma_{zx} &= \frac{\partial u}{\partial z} + \frac{\partial w}{\partial x}
\end{aligned} \tag{6-8c}$$

식 (6-8)의 관계식은 변형이 작을 때에만 유용하다. 만일 물체에 대변형 또는 유한변형이 일어나면 식 (6-8)의 관계식으로서는 물체의 거동을 정확히 나타낼 수 없기 때문에, 식 (6-7)에서 무시했던 고차항을 고려해야 한다. 이를 고려한 문제를 기하학적 비선형 문제(geometric non-linear problem)라 한다.

(4) 응력과 변형률의 관계식

응력과 변형률 사이의 관계식은 곧 Hooke의 법칙인데, 일축 변형에서의 Hooke의 법칙을 3차원 탄성물체의 경우에로 확장시켜서 6개의 응력성분을 6개의 변형률성분의 선형함수로써 표현할 수 있고, 그 역도 성립한다. 그러한 관계식을 일반화된 Hooke의 법칙(gemeralized Hooke's law)이라고 한다. 이를 또는 흔히 물질의 특성을 나타내는 식이라 하여 물성방정식(constitutive equation)이라고도 한다.

변형률과 응력 사이에는 일반적으로

$$\{\epsilon\} = [C]\{\sigma\} + \{\epsilon_0\} \tag{6-9}$$

의 관계가 있고, $\{\sigma\}$는 식 (6-1)과 같고 $\{\epsilon\}$은

$$\{\epsilon\} = \left[\epsilon_x \; \epsilon_y \; \epsilon_z \; \gamma_{xy} \; \gamma_{yz} \; \gamma_{zx}\right]^T$$

이다. 또 $\{\epsilon_0\}$는 초기 변형률인데

$$\{\epsilon_0\} = \left[\epsilon_{x0} \; \epsilon_{y0} \; \epsilon_{z0} \; \gamma_{xy0} \; \gamma_{yz0} \; \gamma_{zx0}\right]^T \tag{6-10}$$

이다. $[C]$는 탄성계수 행렬로서 (6×6) 행렬이다. 식 (6-9)는 물체를 구성하는 재료가 선형, 탄성, 비등방성이고 균질일 때, 응력과 변형률 사이에서 일반적으로 성립하는 관계식인데, 변형률이 작을 때에만 유용하다.

등방성 물질에서는 온도의 변화에 의한 초기 변형률 성분이

$$\begin{aligned} \epsilon_{x0} &= \epsilon_{y0} = \epsilon_{y0} = \alpha T \\ \gamma_{xy0} &= \gamma_{yz0} = \gamma_{zx0} = 0 \end{aligned} \tag{6-11}$$

이 된다. α는 열 팽창계수이고, T는 온도의 변화량이다.

식 (6-9)의 역은

$$\{\sigma\} = [D](\{\epsilon\} - \{\epsilon_0\}) \qquad (6\text{-}12)$$
$$= [D]\{\epsilon\} + \{\sigma_0\}$$

여기에서, $[D] = [C]^{-1}$ 이고, 초기응력 벡터 $\{\sigma_0\}$는 $\{\sigma_0\} = -[D]\{\epsilon_0\}$ 로 주어진다.

행렬 $[C]$는 대칭이므로 비등방성 재료에 대해서 21개의 탄성계수의 수치를 실험적으로 결정하면 된다. 만일 물체 내에서 대칭면을 갖는 재료에 대해서는 탄성계수행렬 $[C]$의 성분의 수는 21보다 작다. 예로서 직교 2방성 물질(orthotropic material)에서 $[C]$는 다음과 같이 9개의 성분을 결정하면 된다.

$$[C] = \begin{bmatrix} C_{11} & C_{12} & C_{13} & 0 & 0 & 0 \\ & C_{22} & C_{23} & 0 & 0 & 0 \\ & & C_{33} & 0 & 0 & 0 \\ & & & C_{44} & 0 & 0 \\ & & & & C_{55} & 0 \\ \text{대 칭} & & & & & C_{661} \end{bmatrix} \qquad (6\text{-}13)$$

2방성 물질에 대한 변형률과 응력의 관계식을 초기변형률 $\{\epsilon_0\}$를 고려하여 Young 률과 Poisson 비의 항으로 쓰면 다음과 같다.

$$\begin{Bmatrix} \epsilon_x \\ \epsilon_y \\ \epsilon_z \\ \gamma_{xy} \\ \gamma_{yz} \\ \gamma_{zx} \end{Bmatrix} = \begin{bmatrix} 1/E_x & -\nu_{yx}/E_y & -\nu_{zx}/E_z & 0 & 0 & 0 \\ -\nu_{xy}/E_x & 1/E_y & -\nu_{zy}/E_z & 0 & 0 & 0 \\ -\nu_{xz}/E_x & -\nu_{yz}/E_y & 1/E_z & 0 & 0 & 0 \\ 0 & 0 & 0 & 1/G_{xy} & 0 & 0 \\ 0 & 0 & 0 & 0 & 1/G_{yz} & 0 \\ 0 & 0 & 0 & 0 & 0 & 1/G_{zx} \end{bmatrix} \begin{Bmatrix} \sigma_x \\ \sigma_y \\ \sigma_z \\ \tau_{xy} \\ \tau_{yz} \\ \tau_{zx} \end{Bmatrix} + \{\epsilon_0\} \qquad (6\text{-}14a)$$

위 식의 우변의 첫 행렬 안에는 재료의 변수로서 3개의 탄성계수(elastic muduli 또는 Young 률), 3개의 전단계수(shear moduli), 그리고 6개의 Poisson 비 등 12개가 있는데 대칭의 요구조건으로부터

$$\frac{E_x}{\nu_{xy}} = \frac{E_y}{\nu_{yx}}, \qquad \frac{E_y}{\nu_{yz}} = \frac{E_z}{\nu_{zy}}, \qquad \frac{E_z}{\nu_{zx}} = \frac{E_x}{\nu_{xz}} \qquad (6\text{-}14b)$$

의 관계가 있다. 따라서 9개의 재료변수를 결정하면 된다.

등방성 재료(isotropic material)의 경우에는 점대칭이 된다. 즉, 물체 내의 모든 평면은 물질의 거동에 대한 대칭평면이 된다. 따라서 재료의 특성은 모든 방향으로 같다. $G = E/2(1+\nu)$ 임을 고려해서 식 (6-14a)로부터

$$\begin{Bmatrix} \epsilon_x \\ \epsilon_y \\ \epsilon_z \\ \gamma_{xy} \\ \gamma_{yz} \\ \gamma_{zx} \end{Bmatrix} = \begin{bmatrix} 1/E & -\nu/E & -\nu/E & 0 & 0 & 0 \\ & & -\nu/E & 0 & 0 & 0 \\ & & 1/E & 0 & 0 & 0 \\ & & & 2(1+\nu)/E & 0 & 0 \\ & & & & 2(1+\nu)/E & 0 \\ \text{대칭} & & & & & 2(1+\nu)/E \end{bmatrix} \begin{Bmatrix} \sigma_x \\ \sigma_y \\ \sigma_z \\ \tau_{xy} \\ \tau_{yz} \\ \tau_{zx} \end{Bmatrix} + \{\epsilon_0\} \quad (6\text{-}15)$$

식 (6-12)는 식 (6-15)를 이용해서

$$\begin{Bmatrix} \sigma_x \\ \sigma_y \\ \sigma_z \\ \tau_{xy} \\ \tau_{yz} \\ \tau_{zx} \end{Bmatrix} = \frac{E}{(1+\nu)(1-2\nu)} \begin{bmatrix} 1-\nu & \nu & 0 & 0 & 0 & 0 \\ & 1-\nu & \nu & 0 & 0 & 0 \\ & & 1-\nu & 0 & 0 & 0 \\ & & & (1-2\nu)/2 & 0 & 0 \\ & & & & (1-2\nu)/2 & 0 \\ \text{대칭} & & & & & (1-2\nu)/2 \end{bmatrix} \begin{Bmatrix} \epsilon_x \\ \epsilon_y \\ \epsilon_z \\ \gamma_{xy} \\ \gamma_{yz} \\ \gamma_{zx} \end{Bmatrix} \quad (6\text{-}16)$$

$$+ \frac{E\alpha T}{1-2\nu} [-1 \ \ -1 \ \ -1 \ 0 \ 0 \ 0]^T$$

식 (6-15) 또는 식 (6-16)이 등방성 탄성체에 대한 물성방정식 또는 Hooke의 법칙 또는 응력과 변형률 관계식이다.

등방성 재료에 대한 Hooke의 법칙은 때로는 Lamé의 상수 λ와 μ의 항으로도 표현한다.

$$D_{11} = D_{22} = D_{33} = \lambda + 2\mu \quad (6\text{-}17a)$$

$$D_{12} = D_{13} = D_{23} = \lambda$$

$$D_{44} = D_{55} = D_{66} = \mu = G$$

여기에서

$$\lambda = \frac{E\nu}{(1+\nu)(1-2\nu)} \tag{6-17b}$$

$$\mu = \frac{E}{2(1+\nu)}$$

탄성계수와 Poisson 비를 Lamé의 상수로 표현하면

$$E = \frac{\mu(3\lambda + 2\mu)}{\lambda + \mu} \tag{6-17c}$$

$$\nu = \frac{\lambda}{2(\lambda + \mu)}$$

6-2 전 포텐셜 에너지 원리에 의한 유한요소법의 정식화

전 포텐셜 에너지 원리(total potential energy principle)는 고체역학에 관한 문제의 유한요소방정식을 유도하는 데 많이 사용하는 방법인데, 이 방법에서는 변위를 가정하고, 변위의 절점값은 전 영역의 포텐셜 에너지를 절점변위에 대한 최소화하여 구한다. 일단 절점에서의 변위값 즉, 절점변위(nodal displacement)가 구해지면 변형률과 응력은 변형률과 변위의 관계식 (6-8)과, 응력과 변형률의 관계식 (6-16)을 이용하여 구한다.

전 포텐셜 에너지의 원리는 다음과 같이 기술된다.

주어진 경계조건을 만족하는 모든 변위함수 중에서 평형방정식의 해는 전 포텐셜 에너지를 최소화 하는 것이다.

이 원리의 중요한 요구조건은 선택한 변위함수가 주어진 변위의 경계조건을 만족해야 한다는 점이다.

탄성계에서 포텐셜 에너지는 물체 내의 변형에 의한 포텐셜과 내적 또는 외적으로 가해지는 하중의 포텐셜로서 두 부분으로 구성된다. 전 포텐셜 에너지 I를

$$I = U + V \tag{6-18}$$

라고 쓰자. 여기에서 U는 물체 내의 변형에 의한 변형률에너지(strain energy) 또는 내부 에너지(internal energy)이고, V는 작용하중의 포텐셜 에너지이다. 후자를 때로는 외부에너지(external energy)라고도 한다. 하중이 물체에 대해 일을 하게 되면 작용하중의 포텐셜은 감소하므로, 하중이 한 일을 W라 하면 이는 작용하중의 포텐셜의 음의 값이다. 즉

$$W = -V \tag{6-19}$$

식 (6-18)을 다시 쓰면

$$I = U - W \tag{6-20}$$

전체 물체를 N개의 유한요소로 분할하였다면, 식 (6-20)의 전체 물체의 전 포텐셜 에너지는 각 요소의 포텐셜 에너지 $I^{(e)}$의 합의 형태로 쓸 수 있다.

$$I = \sum_{e=1}^{N} \left(U^{(e)} - W^{(e)} \right) = \sum_{e=1}^{N} I^{(e)} \tag{6-21}$$

물체 내의 변형률 에너지 U는

$$U = \int_v \frac{1}{2} \left(\{\epsilon\}^T - \{\epsilon_0\}^T \right) \{\sigma\} dv \tag{6-22}$$

로 정의된다.

x, y, z 방향으로의 변위 u, v, w에 대한 형상함수를 $[N_u]$, $[N_v]$, $[N_w]$라 하면

$$\begin{Bmatrix} u \\ v \\ w \end{Bmatrix} = \begin{bmatrix} [N_u] & 0 & 0 \\ 0 & [N_v] & 0 \\ 0 & 0 & [N_w] \end{bmatrix} \{d^{(e)}\} \tag{6-23}$$

$$= [N]\{d^{(e)}\}$$

여기에서 $\{d^{(e)}\}$는 절점변위이다.

식 (6-23)을 변위와 변형률 사이의 관계식인 식 (6-8c)에 대입하면 변형률과 절점변위 사이의 관계식이

$$\{\epsilon\} = [B]\{d^{(e)}\} \tag{6-24a}$$

의 형태로 구해진다. 행렬 $[B]$ 는 식 (6-23)을 식 (6-8c)에 대입했을 때, 형상함수들의 편도함수들이 그 성분인 변형률과 절점변위 사이의 관계행렬이다. $[B]$ 를 쓰면

$$[B] = \begin{bmatrix} \dfrac{\partial}{\partial x}[N_u] \\ \dfrac{\partial}{\partial y}[N_v] \\ \dfrac{\partial}{\partial z}[N_w] \\ \dfrac{\partial}{\partial x}[N_v] + \dfrac{\partial}{\partial y}[N_u] \\ \dfrac{\partial}{\partial y}[N_w] + \dfrac{\partial}{\partial z}[N_v] \\ \dfrac{\partial}{\partial z}[N_u] + \dfrac{\partial}{\partial x}[N_w] \end{bmatrix} \tag{6-24b}$$

행렬 $[B]$ 의 성분의 실제 값들은 사용하는 요소와 다루는 문제의 성질에 따라 달라진다. 이에 관한 것은 §6-2에서 설명하기로 한다.

식 (6-24a)를 식 (6-22)에 대입하면 응력이 다음 식으로 구해진다.

$$\{\sigma\} = [D][B]\{d^{(e)}\} + \{\sigma_0\} \tag{6-25}$$

식 (6-22), (6-24a)와 (6-25)를 이용하면 요소 (e) 에 대한 변형률 에너지 $U^{(e)}$ 는

$$\begin{aligned} U^{(e)} &= \int_v \frac{1}{2}\left(\{d^{(e)}\}^T[B]^T - \{\epsilon_0\}^T\right)\left([D]\,[B]\{d^{(e)}\} + \{\sigma_0\}\right)dv \\ &= \int_v \frac{1}{2}(\{d^{(e)}\}^T[B]^T[D]\,[B]\{d^{(e)}\} - \{\epsilon_0\}^T[D]\,[B]\{d^{(e)}\} \\ &\qquad + \{d^{(e)}\}^T[B]^T\{\sigma_0\} - \{\epsilon_0\}^T\{\sigma_0\})dv \end{aligned}$$

윗 식에서 $[D]\{\epsilon_0\}=\{\sigma_0\}$ 임을 고려하면 요소의 변형률 에너지는

$$U^{(e)}=\int_v \frac{1}{2}(\{d^{(e)}\}^T[B]^T[D][B]\{d^{(e)}\}-2\{d^{(e)}\}^T[B]^T\{\sigma_0\}-\{\epsilon_0\}^T\{\sigma_0\})dv \qquad (6\text{-}26)$$

작용하중에는 집중하중 $\{P\}$, 분포하중 $\{q\}=[q_x \quad q_y \quad q_z]^T$, 그리고 체적력, $\{Q\}=[X \quad Y \quad Z]^T$ 가 있는데, 작용하중이 한 일은 이들의 중첩으로 구해진다.

집중하중이 한 일은 그 작용점을 절점으로 택하므로 절점에 작용하는 하중 벡터와 그 절점에서의 변위 벡터의 내적이 된다. 이를 W_c라 하면

$$W_c=\{d\}^T\{P\} \qquad (6\text{-}27)$$

단위 부피당 체적력(body force)을 $\{Q\}=[X \quad Y \quad Z]^T$라 하면 체적력이 한 일 $W_b^{(e)}$는

$$W_b^{(e)}=\int_v [u \ v \ w]\begin{Bmatrix} X \\ Y \\ Z \end{Bmatrix}dv \qquad (6\text{-}28)$$

이 된다. X, Y 와 Z는 각각 x,y와 z 방향으로의 단위 부피당 체적력인데 좌표의 함수로 주어질 수 있다. 식 (6-23)을 이용하면

$$W_b^{(e)}=\int_v \{d^{(e)}\}^T[N]^T\{Q\}dv \qquad (6\text{-}29)$$

물체의 표면에 단위 면적당 작용하는 표면력(surface traction. 이는 분포하중을 의미한다)을 $\{q\}=[q_x \quad q_y \quad q_z]^T$라 하면 분포하중 $\{q\}$가 한 일 $W_q^{(e)}$ 는

$$W_q^{(e)}=\int_s [u \ v \ w]^T\begin{Bmatrix} q_x \\ q_y \\ q_z \end{Bmatrix}ds \qquad (6\text{-}30)$$

여기에서 q_x, q_y와 q_z는 각각 x, y와 z 방향으로의 단위 면적당 작용하는 표면력으로 좌표의 함수로 주어질 수도 있다. 식 (6-23)을 이용해서

$$W_q^{(e)} = \int_s \{d^{(e)}\}^T [N]^T \{q\} ds \tag{6-31}$$

각 요소에 대해서 식 (6-26), (6-29), (6-31)을 조립하고, 집중하중이 한 일 W_c를 고려하면 전 포텐셜 에너지가 다음과 같이 구해진다.

$$\begin{aligned} I &= U - W \qquad\qquad (6\text{-}32) \\ &= \sum_{e=1}^{N} [\int_v \frac{1}{2}\{d^{(e)}\}^T [B]^T [D] [B] \{d^{(e)}\} dv - \int_v \{d^{(e)}\}^T [B]^T [D] \{\epsilon_0\} dv \\ &\quad - \int_v \{\epsilon_0\}^T \{\sigma_0\} dv - \int_v \{d^{(e)}\}^T [N]^T \{Q\} dv - \int_v \{d^{(e)}\}^T [N]^T \{q\} ds] - \{d\}^T \{P\} \end{aligned}$$

전 포텐셜 에너지 원리에 의해 식 (6-32)를 절점변위에 대해 최소화하면

$$\sum_{e=1}^{N} \left[\left(\int_v [B]^T [D] [B] dv \right) \{d^{(e)}\} - \int_v [B]^T \{\sigma_0\} dv - \int_v [N]^T \{Q\} dv - \int_s [N]^T \{q\} ds \right] - \{P\} = 0 \tag{6-33}$$

또는

$$[K]\{d\} = \{F\} \tag{6-34}$$

로 표현된다. 여기에서 행렬 $[K]$를 전체 구조물에 대한 강성행렬(stiffness matrix), 벡터 $\{F\}$를 하중 벡터(load vector) 또는 절점력 벡터(nodal force vector)라 한다. 이들은 각 요소의 것을 중첩해서

$$[K] = \sum_{e=1}^{N} [K^{(e)}] \tag{6-35}$$

$$\{F\} = \sum_{e=1}^{N} \{f^{(e)}\} + \{P\} \tag{6-36}$$

로 구해지는데, $[k^{(e)}]$와 $\{f^{(e)}\}$는 식 (6-33)으로부터

$$[k^{(e)}] = \int_v [B]^T [D] [B] dv \tag{6-37}$$

$$\{f^{(e)}\} = \int_v [B]^T \{\sigma_0\} dv + \int_v [N]^T \{Q\} dv + \int_s [N]^T \{q\} ds \tag{6-38}$$

과 같다. 식 (6-38)의 첫 항은 초기응력에 의한 절점력이다. 집중하중 $\{P\}$는 절점력 벡터의 해당 자유도에 그 값들을 중첩시켜 주면 된다. 구조해석에서 유한요소방정식인 식 (6-34)를 강성방정식(stiffness equation)이라고 한다.

식 (6-37)과 (6-38)은 일반적인 3차원 문제에서의 강성행렬과 절점력 벡터인데 다음 절에서 특정 문제를 다루어 탄성학에 관련된 분야의 경계치 문제를 유한요소법으로 해석하는 과정을 설명하기로 한다.

6-3 탄성학에서의 경계값 문제

6-3-1 축 하중을 받는 부재

축 하중을 받는 외팔보는 1차원 요소로 표현하여 해석한다[그림 6-1(a)].

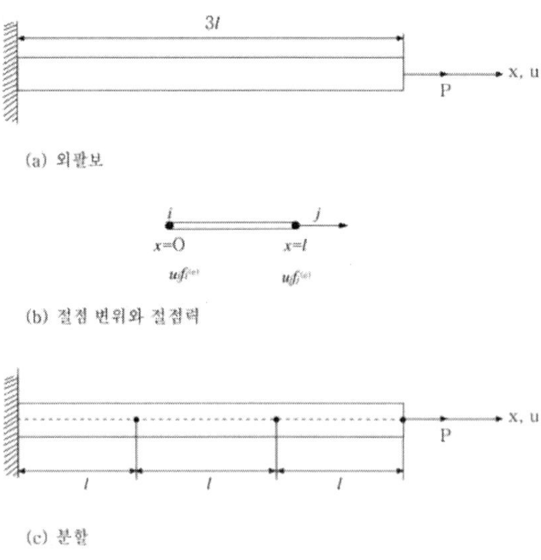

[그림 6-1]

응력과 변형률 성분은 σ_x 와 ϵ_x 뿐이다. 요소 내에서 x 방향의 변위 u 는

$$u = N_i u_i + N_j u_j \tag{6-39}$$

$$N_i = 1 - x/l, \quad N_j = x/l$$

이고, 단면적은 A 로서 일정하다고 한다.

식 (6-24)에서 변형률과 절점변위 사이의 관계는

$$\begin{aligned}\{\epsilon_x\} &= \frac{du}{dx} \\ &= \left[-\frac{1}{l} \;\; \frac{1}{l}\right]\begin{Bmatrix} u_i \\ u_j \end{Bmatrix} \\ &= [B]\{d^{(e)}\}\end{aligned} \tag{6-40}$$

이고, 응력은

$$\begin{aligned}\{\sigma_x\} &= [D](\{\epsilon_x\} - \{\epsilon_{x0}\}) \\ &= [D]([B]\{d^{(e)}\} - \{\epsilon_{x0}\})\end{aligned} \tag{6-41}$$

여기에서 탄성계수행렬 $[D]$ 는

$$[D] = E \tag{6-42}$$

이며 문제를 간단히 하기 위해서 초기 변형률과 체적력은 무시한다. 강성행렬은 식 (6-37)에서 식 (6-40), (6-41)과 (6-42)를 이용하고 $dv = Adx$ 임을 고려해서

$$\begin{aligned}[k^{(e)}] &= \int_v [B]^T[D][B]dv \\ &= EA\int_0^l \begin{bmatrix} -\frac{1}{l} \\ \frac{1}{l} \end{bmatrix}\left[-\frac{1}{l} \;\; \frac{1}{l}\right]dx \\ &= \frac{EA}{l}\begin{bmatrix} 1 & -1 \\ -1 & 1 \end{bmatrix}\end{aligned} \tag{6-43}$$

이를 일반적으로 다음과 같이 쓰자.

$$[k^{(e)}] = \begin{bmatrix} k_{11}^{(e)} & k_{12}^{(e)} \\ k_{21}^{(e)} & k_{22}^{(e)} \end{bmatrix} \tag{6-44}$$

그림 6-1(b)에서 절점에서 x 방향으로 작용하는 요소의 절점력을

$$\{f^{(e)}\} = \begin{Bmatrix} f_i^{(e)} \\ f_j^{(e)} \end{Bmatrix} \tag{6-45}$$

라 하자. $f_i^{(e)}$와 $f_j^{(e)}$는 절점 i와 j에서의 절점력이다. 식 (6-43)과 (6-45)로부터 요소의 강성방정식은

$$\frac{EA}{l}\begin{bmatrix} 1 & -1 \\ -1 & 1 \end{bmatrix}\begin{Bmatrix} u_i \\ u_j \end{Bmatrix} = \begin{Bmatrix} f_i^{(e)} \\ f_j^{(e)} \end{Bmatrix} \tag{6-46}$$

그림 6-1(c)에서처럼 외팔보를 같은 크기의 3개 요소로 분할할 때, 각 요소의 강성행렬은 식 (6-43)로서 모두 같고 절점력은 요소 (1)과 (2)에서

$$\{f^{(1)}\} = \{f^{(2)}\} = \begin{Bmatrix} 0 \\ 0 \end{Bmatrix}$$

요소 (3)에서

$$\{f^{(3)}\} = \begin{Bmatrix} 0 \\ P \end{Bmatrix}$$

이들을 이용하여 축 하중 P를 받는 외팔보의 강성방정식을 구하면

$$\frac{EA}{l}\begin{bmatrix} 1 & -1 & 0 & 0 \\ & 2 & -1 & 0 \\ & & 2 & -1 \\ \text{대칭} & & & 1 \end{bmatrix}\begin{Bmatrix} u_1 \\ u_2 \\ u_3 \\ u_4 \end{Bmatrix}=\begin{Bmatrix} 0 \\ 0 \\ 0 \\ P \end{Bmatrix} \tag{6-47}$$

$x=0$ 에서 변위 $u=0$이므로, 경계조건이 $u_1=0$으로 주어진다. 이를 이용하여 강성방정식을 변형하고 해를 구하면

$$u_2=\frac{Pl}{EA},\quad u_3=\frac{2Pl}{EA},\quad u_4=\frac{3Pl}{EA}$$

식 (6-40)과 (6-41)에서 요소 내에서 발생하는 변형률과 응력을 구한다. 요소 (1)에 대해서 변형률과 응력은

$$\begin{aligned}\epsilon_x^{(1)} &= \frac{1}{l}[-1\ \ 1]\begin{Bmatrix} u_i \\ u_j \end{Bmatrix} \\ &= \frac{1}{l}[-1\ \ 1]\begin{Bmatrix} u_1 \\ u_2 \end{Bmatrix} \\ &= \frac{1}{l}[-1\ \ 1]\begin{Bmatrix} 0 \\ \dfrac{Pl}{EA} \end{Bmatrix} \\ &= \frac{P}{EA}\end{aligned}$$

$$\sigma_x^{(1)}=E\epsilon_x^{(1)}=\frac{P}{A}$$

요소 (2)와 (3)에 대해서도 마찬가지로 하면

$$\epsilon_x^{(2)}=\epsilon_x^{(3)}=\frac{P}{EA}$$

$$\sigma_x^{(2)}=\sigma_x^{(3)}=\frac{P}{A}$$

이 결과들은 간단한 이론식의 것과 일치한다.

그림 6-1에서 외팔보의 전체좌표계와 국부좌표계의 방향이 일치하기 때문에 이러한 과정을 거치면 되지만, 많은 부재가 힌지로 연결된 철교와 같은 구조물(그림 6-2의 트러스 구조물)은 각 부재들이 전체좌표계와 국부좌표계와 일치하고 있지 않기 때문에 두 좌표계 사이에서 강성행렬과 절점력 벡터의 전환이 요구된다.

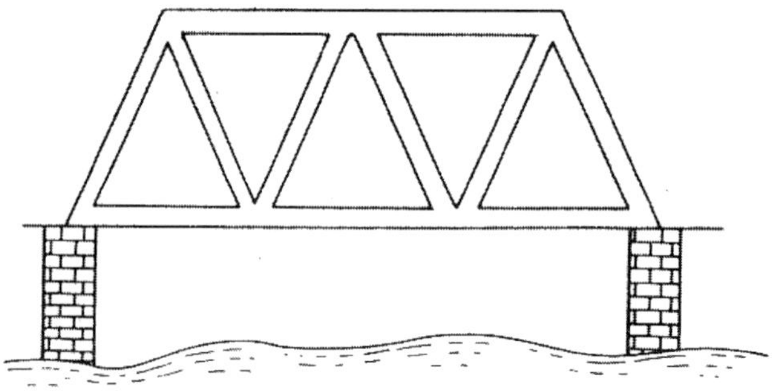

[그림 6-2] 트러스 구조물의 예 : 철교

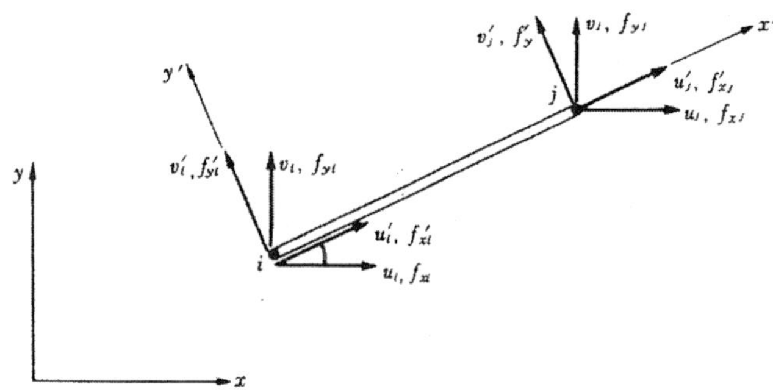

[그림 6-3] 평면 트러스 요소

그림 6-3은 전체좌표계에 대해서 임의의 방향으로 놓인 부재를 나타낸 것이다. 그림 6-3에서 x와 y, u와 v는 각각 전체좌표와 각 방향으로의 변위이고, x'와 y', u'와 v'는 국부좌표와 변위를 나타낸다. 이 부재는 축 하중만을 받을 수 있기 때문에 변위 v'는 항상 영이 되지만, 전체 좌표계에 대해 x'방향의 변위 u'는 일반적으로 x와 y방향의 변위 성분인 u와 v를 모두 갖기 때문에 각 절점에서 y'방향의 변위가 가상적으로 있다고 보아 요소의 강성방정식을

$$\frac{EA}{l}\begin{bmatrix} 1 & 0 & -1 & 0 \\ 0 & 0 & 0 & 0 \\ -1 & 0 & 1 & 0 \\ 0 & 0 & 0 & 0 \end{bmatrix}\begin{Bmatrix} u_i' \\ v_i' \\ u_j' \\ v_j' \end{Bmatrix}=\begin{Bmatrix} f_{xi}'^{(e)} \\ f_{yi}'^{(e)} \\ f_{xj}'^{(e)} \\ f_{yj}'^{(e)} \end{Bmatrix} \tag{6-48a}$$

라고 표현할 수 있다. 이 식을 간단하게

$$[k'^{(e)}]\{d'^{(e)}\}=\{f'^{(e)}\} \tag{6-48b}$$

라고 쓰자.

국부좌표계와 전체좌표계에서의 절점력 벡터의 각 성분은 그림 6-3으로부터 다음과 같은 관계가 있음을 알 수 있다.

$$f_{xi}'^{(e)}=\cos\theta f_{xi}^{(e)}+\sin\theta f_{yi}^{(e)}$$

$$f_{yi}'^{(e)}=-\sin\theta f_{xi}^{(e)}+\cos\theta f_{yi}^{(e)}$$

$$f_{xj}'^{(e)}=\cos\theta f_{xj}^{(e)}+\sin\theta f_{yj}^{(e)}$$

$$f_{yj}'^{(e)}=-\sin\theta f_{xj}^{(e)}+\cos\theta f_{yj}^{(e)}$$

이 식을 $\cos\theta=\lambda$, $\sin\theta=\mu$로 하여 행렬식으로 쓰면

$$\begin{Bmatrix} f_{xi}'^{(e)} \\ f_{yi}'^{(e)} \\ f_{xj}'^{(e)} \\ f_{yji}'^{(e)} \end{Bmatrix}=\begin{bmatrix} \lambda & \mu & 0 & 0 \\ -\mu & \lambda & 0 & 0 \\ 0 & 0 & \lambda & \mu \\ 0 & 0 & -\mu & \lambda \end{bmatrix}\begin{Bmatrix} f_{xi}^{(e)} \\ f_{yi}^{(e)} \\ f_{xj}^{(e)} \\ f_{yj}'^{(e)} \end{Bmatrix}$$

또는 간단히

$$\{f'^{(e)}\}=[T]\{f^{(e)}\} \tag{6-49}$$

로 표현된다. 식 (6-49)의 행렬 $[T]$를 전환행렬(transformation matrix)이라고 한다. 전환행렬은 상

호수직(orthonormality)의 특성을 가지므로

$$[T]^{-1} = [T]^T$$

이 성립한다.

두 좌표계 사이에서 변위도 같은 방법으로

$$\{d'^{(e)}\} = [T]\{d^{(e)}\} \tag{6-50}$$

이 성립된다. 식 (6-49)와 (6-50)을 식 (6-48b)에 대입하면

$$[k'^{(e)}][T]\{d^{(e)}\} = [T]\{f^{(e)}\}$$

이 식의 양변 앞에 $[T]^{-1}$을 곱하면

$$[T]^{-1}[k'^{(e)}][T]\{d^{(e)}\} = \{f^{(e)}\}$$

$[T]^{-1} = [T]^T$이므로, 전체좌표계에 대한 요소의 강성방정식은

$$[T]^T[k'^{(e)}][T]\{d^{(e)}\} = \{f^{(e)}\} \tag{6-51a}$$

또는 간단하게

$$[k^{(e)}]\{d^{(e)}\} = \{f^{(e)}\} \tag{6-51b}$$

와 같이 표현된다. 그림 6-3의 요소의 전체좌표계에 대한 강성행렬은 식 (6-48)과 전환행렬을 이용하여 행렬연산을 수행하면

$$[k^{(e)}] = [T]^T [k'^{(e)}][T] \tag{6-51c}$$

$$= \frac{EA}{l} \begin{bmatrix} \lambda^2 & \lambda\mu & -\lambda^2 & -\lambda\mu \\ & \mu^2 & -\lambda\mu & -\mu^2 \\ & & \lambda^2 & \lambda\mu \\ \text{대 칭} & & & \mu^2 \end{bmatrix}$$

모든 요소에 대해서 요소의 강성방정식을 전체좌표계에 대한 것으로 구하고 조립과정을 거치면 전체 구조물의 강성방정식이 구해진다.

$$[K]\{d\} = \{F\} \tag{6-52}$$

여기에서 $[K]$ 와 $\{F\}$는 각 요소의 강성행렬과 절점력 벡터를 중첩하여 구성되는 전체 구조물의 강성행렬과 절점력 벡터이고, $\{d\}$는 전체 구조물의 절점변위이다.

예로서 그림 6-4에 보인 3개의 부재로 구성된 트러스 구조물의 강성방정식을 세우고, 그로부터 절점에서의 변위와 요소에서 발생하는 응력을 구해 보자.

초기응력은 없으며 각 부재의 길이와 단면적은 l과 A로서 같다고 한다. 작용하중은 절점 3에서 y의 양의 방향으로 집중하중 P가 있다. 절점 1에서는 완전히 고정되어 있고, 절점 2에서는 y 방향의 이동만이 구속되어 있다.

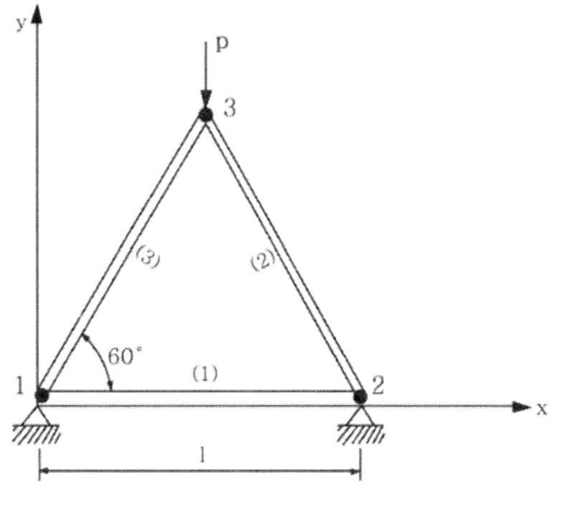

[그림 6-4]

요소의 절점 i와 j는 표 5-5와 같이 붙인다.

[표 6-2]

절점번호 \ 요소번호	1	2	3
i	1	2	1
j	2	3	3

요소 (1)에서 $\theta=0$이므로, $\lambda=\cos\theta=1$, $\mu=\sin\theta=0$. 따라서 식 (6-51c)의 강성행렬 $[k^{(1)}]$은

$$[k^{(1)}]=\frac{EA}{l}\begin{bmatrix} 1 & 0 & -1 & 0 \\ 0 & 0 & 0 & 0 \\ -1 & 0 & 1 & 0 \\ 0 & 0 & 0 & 0 \end{bmatrix}$$

마찬가지로 요소 (2)에 대해서 $\theta=120^\circ$, $\lambda=-\frac{1}{2}$, $\mu=\frac{\sqrt{3}}{2}$

$$[k^{(2)}]=\frac{EA}{l}\begin{bmatrix} \frac{1}{4} & -\frac{\sqrt{3}}{4} & -\frac{1}{4} & \frac{\sqrt{3}}{4} \\ & \frac{3}{4} & \frac{\sqrt{3}}{4} & -\frac{3}{4} \\ & & \frac{1}{4} & -\frac{\sqrt{3}}{4} \\ \text{대칭} & & & \frac{3}{4} \end{bmatrix}$$

요소 (3)에 대해서, $\theta=60^\circ$, $\lambda=\frac{1}{2}$, $\mu=\frac{\sqrt{3}}{2}$

$$[k^{(3)}] = \frac{EA}{l}\begin{bmatrix} \frac{1}{4} & \frac{\sqrt{3}}{4} & -\frac{1}{4} & -\frac{\sqrt{3}}{4} \\ & \frac{3}{4} & -\frac{\sqrt{3}}{4} & -\frac{3}{4} \\ & & \frac{1}{4} & \frac{\sqrt{3}}{4} \\ \text{대칭} & & & \frac{3}{4} \end{bmatrix}$$

이상의 강성행렬들을 조립하여 전체 구조물에 대한 강성행렬을 구성하고, 절점 3에서 y의 음의 방향으로 작용하는 집중하중 P를 해당 자유도에 위치시키면, 전체 구조물의 강성방정식이 다음과 같이 구해진다.

$$\frac{EA}{l}\begin{bmatrix} \frac{5}{4} & \frac{\sqrt{3}}{4} & -1 & 0 & -\frac{1}{4} & -\frac{\sqrt{3}}{4} \\ & \frac{3}{4} & 0 & 0 & \frac{\sqrt{3}}{4} & -\frac{3}{4} \\ & & \frac{5}{4} & -\frac{\sqrt{3}}{4} & -\frac{1}{4} & \frac{\sqrt{3}}{4} \\ & & & \frac{3}{4} & \frac{\sqrt{3}}{4} & -\frac{3}{4} \\ & & & & \frac{1}{2} & 0 \\ \text{대칭} & & & & & \frac{3}{2} \end{bmatrix}\begin{Bmatrix} u_1 \\ v_1 \\ u_2 \\ v_2 \\ u_3 \\ v_3 \end{Bmatrix} = \begin{Bmatrix} 0 \\ 0 \\ 0 \\ 0 \\ 0 \\ -P \end{Bmatrix}$$

경계조건으로서 $u_1 = v_1 = 0$, $v_2 = 0$을 이용하여 위 강성방정식을 변형하고 변위를 구하면

$$u_2 = \frac{\sqrt{3}}{6}\frac{Pl}{EA}, \quad u_3 = \frac{\sqrt{3}}{12}\frac{Pl}{EA}, \quad v_3 = -\frac{3}{4}\frac{Pl}{EA}$$

응력은 식 (6-41)을 이용하여 계산하는데, 강성방정식을 풀어서 구한 변위는 전체좌표계에 대한 것이므로, 이를 각 요소의 국부좌표계에 대한 것으로 전환해 주어야 한다. 식 (6-50)으로부터

$$u_i' = \lambda u_i + \mu v_i$$

$$u_j' = \lambda u_j + \mu v_j$$

$$v_i' = v_j' = 0$$

식 (6-41)에서 초기 응력은 없으므로 응력 $\sigma_x^{(e)}$를 구하면

$$\sigma_x^{(e)} = \frac{E}{l}\{\lambda(u_j - u_i) + \mu(v_j - v_i)\}$$

요소 (1)에 대해서 윗 식을 이용하여 응력을 구하면

$$\sigma_x^{(1)} = \frac{\sqrt{3}}{6}\frac{P}{A}$$

이고, 요소 (2)와 (3)에 대해서도 마찬가지로 하면

$$\sigma_x^{(2)} = \sigma_x^{(3)} = -\frac{\sqrt{3}}{3}\frac{P}{A}$$

가 구해진다.

위 응력의 결과로부터 그림 5-26의 구조물에서 부재 (1)에는 인장응력이, 그리고 부재 (2)와 (3)에서는 동일한 크기의 압축응력이 발생함을 알 수 있다.

그림 6-4와 같은 구조물을 평면 트러스 구조물이라고 하는데, 3차원 트러스 구조물, 즉 입체 트러스 구조물에 대해서도 여기에서와 같은 과정을 거쳐서 해석하게 된다.

6-3-2 평면응력과 평면변형률 문제

실존하는 많은 구조물들은 일반적으로 3차원 구조물로서 해석해야 하지만 문제의 성격에 따라서 2차원 구조물로 취급하여 해석할 수 있다.

그림 6-5는 수압을 받는 댐인데 이 경우에 z축 방향의 변위 w는 무시할 수 있을 정도로 작고, 따라서 z축 방향의 변형률 성분들을 무시할 수 있다.

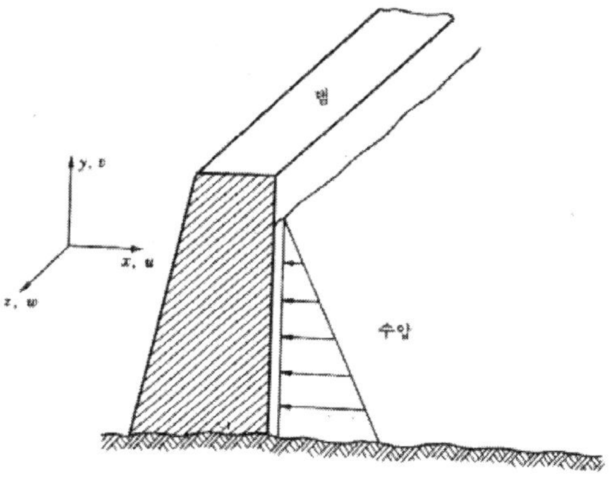

[그림 6-5] 수압을 받는 댐

즉, 식 (6-8c)에서 z축 방향의 변형률 성분들은 모두 0이라 할 수 있다.

$$\epsilon_z = \frac{\partial w}{\partial z} \simeq 0$$

$$\gamma_{yz} = \frac{\partial w}{\partial y} + \frac{\partial v}{\partial z} \simeq 0$$

$$\gamma_{zx} = \frac{\partial u}{\partial z} + \frac{\partial w}{\partial x} \simeq 0$$

또 $w \simeq 0$이라 할 수 있으므로 윗 식의 두 번째와 세 번째 식에서

$$\frac{\partial v}{\partial z} \simeq 0, \quad \frac{\partial u}{\partial z} \simeq 0$$

이는 곧 x와 y 방향의 변위 u와 v가 x와 y만의 함수라는 것을 의미한다. 이러한 경우에 댐은 xy 평면에서 평면변형률 상태(plane strain state)에 있게 되는데, 이런 문제를 평면변형률 문제(plane strain problem)라고 한다. 길이 방향으로의 변형을 무시하기 때문에 길이방향의 임의의 위치에서 단위 두께를 택하여 해석한다. 그림 6-5와 같은 구조물에 길이 방향으로 불균일한 하중이 분포한다 할지라도 z방향으로의 변형은 무시할 수 있을 정도이므로 평면변형률 문제로 취급하여도 실제 현상을 올바르게 해석할 수 있다.

변형률 성분을 변위 u와 v로 나타내면

$$\epsilon_x = \frac{\partial u}{\partial x} \tag{6-52}$$

$$\epsilon_y = \frac{\partial v}{\partial y}$$

$$\gamma_{zy} = \frac{\partial v}{\partial x} + \frac{\partial u}{\partial y}$$

구성물질이 등방성이라 가정하면, 응력과 변형률 사이의 관계식은 식 (6-15)에서

$$\epsilon_x = \frac{1}{E}(\sigma_x - \nu\sigma_y - \nu\sigma_z) + \alpha T$$

$$\epsilon_y = \frac{1}{E}(-\nu\sigma_x + \sigma_y - \nu\sigma_z) + \alpha T$$

$$\gamma_{xy} = \frac{2(1+\nu)}{E}\tau_{xy}$$

$$\epsilon_y = \frac{1}{E}(-\nu\sigma_x - \nu\sigma_y + \sigma_z) + \alpha T$$

윗 식의 마지막 식에서 $\epsilon_z = 0$이므로, σ_z를 구하면

$$\sigma_z = \nu(\sigma_x + \sigma_y) - E\alpha T \tag{6-53}$$

이 식을 이용하면 ϵ_x와 ϵ_y에서 σ_z를 제거할 수 있다. 따라서 변형률과 응력 사이의 관계식은

$$\epsilon_x = \frac{1}{E}\left\{(1-\nu^2)\sigma_x - \nu(1+\nu)\sigma_y\right\} + (1+\nu)\alpha T \tag{6-54}$$

$$\epsilon_y = \frac{1}{E}\left\{-\nu(1+\nu)\sigma_x + (1-\nu^2)\sigma_y\right\} + (1+\nu)\alpha T$$

$$\gamma_{xy} = \frac{2(1+\nu)}{E}\tau_{xy}$$

식 (6-54)에서 응력은 변형률의 항으로 나타내면

$$\{\sigma\} = [D](\{\epsilon\} - \{\epsilon_0\}) \tag{6-55}$$

와 같이 표현된다. 여기에서 $\{\sigma\}=\left[\sigma_x \quad \sigma_y \quad \tau_{xy}\right]^T$이고 $\{\epsilon\}=\left[\epsilon_x \quad \epsilon_y \quad \gamma_{xy}\right]^T$이며, 행렬 $[D]$는 탄성계수행렬로서 식 (6-54)에서 σ_x, σ_y, τ_{xy}를 구하여 식 (6-55)와 비교하면 다음과 같다.

$$[D]=\frac{E(1-\nu)}{(1+\nu)(1+2\nu)}\begin{bmatrix} 1 & \frac{\nu}{1-\nu} & 0 \\ \frac{\nu}{1-\nu} & 1 & 0 \\ 0 & 0 & \frac{(1-2\nu)}{2(1-\nu)} \end{bmatrix} \tag{6-56}$$

식 (6-55)의 초기 변형률 $\{\epsilon_0\}$는

$$\{\epsilon_0\}=\begin{Bmatrix} (1+\nu)\alpha T \\ (1+\nu)\alpha T \\ 0 \end{Bmatrix} \tag{6-57}$$

또 다른 문제로서 그림 6-6에 나타낸 면내하중을 받는 얇은 평판구조물을 생각해 보자. 하중은 xy 평면 내에서 작용하고 있고 판의 두께 t가 다른 치수들에 비해서 상당히 작을 때, 면에 수직한 방향으로의 하중을 무시할 수 있을 정도로 미소하다. 따라서

$$\sigma_z \simeq 0, \quad \tau_{yz} \simeq 0, \quad \tau_{zx} \simeq 0$$

라 할 수 있다.

식 (6-15)로부터 변형률와 응력 사이에는 다음의 관계가 된다.

$$\begin{aligned} \epsilon_x &= \frac{1}{E}(\sigma_x - \nu\sigma_y) + \alpha T \\ \epsilon_y &= \frac{1}{E}(\sigma_y - \nu\sigma_x) + \alpha T \\ \epsilon_z &= -\frac{\nu}{E}(\sigma_x + \sigma_y) + \alpha T \\ \gamma_{xy} &= \frac{2(1+\nu)}{E}\tau_{xy} \\ \gamma_{yz} &= \gamma_{zx} \simeq 0 \end{aligned} \tag{6-58}$$

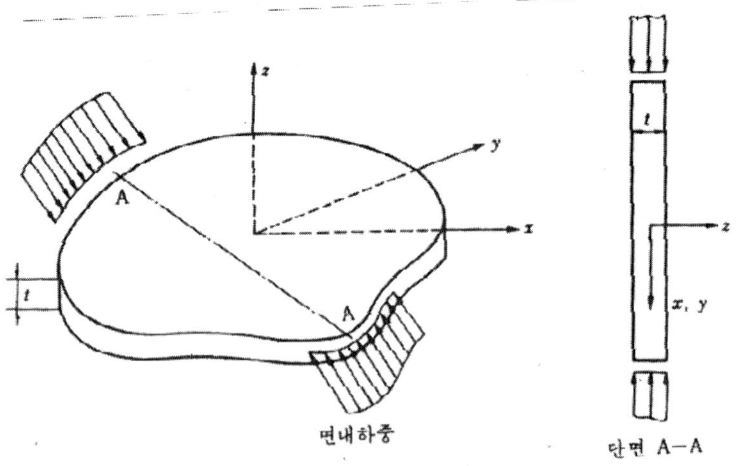

[그림 6-6] 면내 하중을 받는 박판 구조물

평판의 두께가 얇으면 z 방향의 응력 성분은 무시할 수 있지만, 이것은 σ_x, σ_y 와 τ_{xy} 가 z 에 무관하다는 것을 의미하지는 않는다. 그러나 평판의 두께와 평면의 다른 치수와의 비가 작아질수록 응력 σ_x, σ_y 와 τ_{xy}, 그리고 변위 u, v 와 w 는 평판의 두께 방향으로 일정하다고 간주할 수 있다. 그림 6-6과 같은 박판 구조물에서 발생되는 응력성분이 xy 평면 내에서 작용하는 응력이기 때문에 이를 평면응력 상태에 있다고 할 수 있고, 이러한 문제를 평면응력 문제(plane stress problem)라 한다. 따라서 변위 u, v 와 w 는 x 와 y 만의 함수가 된다.

식 (6-58)에서 w 가 x 와 y 만의 함수이므로

$$\epsilon_z = \frac{\partial w}{\partial z} = 0$$

따라서 식 (6-58)을 σ_x ,σ_y 와 τ_{xy} 에 대해 풀고 식 (6-55)와 비교하면 탄성계수행렬은 다음과 같이 표현된다.

$$[D] = \frac{E}{1-\nu^2}\begin{bmatrix} 1 & \nu & 0 \\ \nu & 1 & 0 \\ 0 & 0 & \dfrac{1-\nu}{2} \end{bmatrix} \tag{6-59}$$

이상으로부터 결국 평면변형률과 평면응력 문제에서 응력과 변형률 성분은 σ_x, σ_y 와 τ_{xy}, ϵ_x,

ϵ_y와 γ_{xy}로서 같고, 또한 변위와 변형률 사이의 관계식과 응력과 변형률 사이의 관계식이 식 (6-52)와 식 (6-55)로서 같다. 두 경우 사이에서의 차이점은 탄성계수행렬이 평면변형률 문제에서는 식 (6-56)이고, 평면응력 문제에서는 식 (6-59)로서 그 구성성분이 다르다는 점뿐이다. 따라서 이 차이점만 염두에 두면 두 경우에 대해 기호상 동일한 형태의 강성방정식이 유도된다.

(1) 삼각형요소

이제 선형 삼각형 요소를 사용하여 평면변형률과 평면응력 문제의 강성방정식을 구해 보자(그림 6-7).

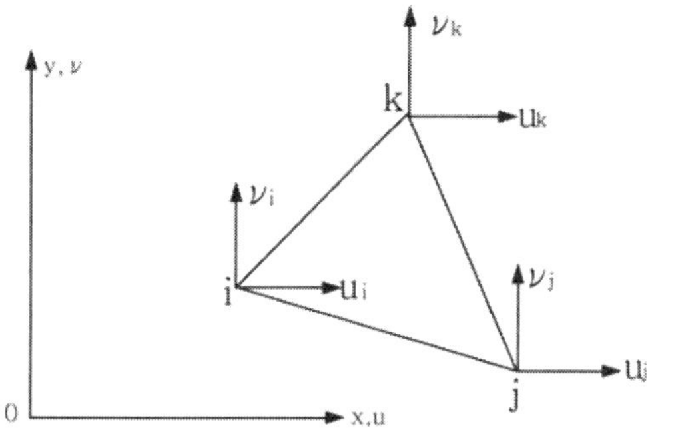

[그림 5-29] 삼각형 요소의 절점변위

우선 강성행렬은 요소의 두께가 t로서 일정하다고 하면, 식 (6-37)에서

$$[k^{(e)}] = \int_A [B]^T [D] [B] t\, dA \tag{6-60}$$

변위 u와 v는

$$\begin{Bmatrix} u \\ v \end{Bmatrix} = [N] \{d^{(e)}\} \tag{6-61}$$

여기에서 형상함수 $[N]$은

$$[N] = \begin{bmatrix} N_i & 0 & N_j & 0 & N_k & 0 \\ 0 & N_i & 0 & N_j & 0 & N_k \end{bmatrix} \tag{6-62}$$

이고, 성분 N_i, N_j, N_k는 식 (3-19b)로 주어진다.

$$N_i = \frac{1}{2A}(a_i + b_i x + c_i y) \tag{3-19 b}$$

$$N_j = \frac{1}{2A}(a_j + b_j x + c_j y)$$

$$N_k = \frac{1}{2A}(a_k + b_k x + c_k y)$$

$\{d^{(e)}\}$는 절점변위 벡터로서

$$\{d^{(e)}\} = [u_i \ v_i \ u_j \ v_j \ u_k \ v_k]^T \tag{6-63}$$

로 표현된다.

식 (6-52)를 다시 쓰면 변형률과 변위 사이의 관계는

$$\{\epsilon\} = \begin{Bmatrix} \epsilon_x \\ \epsilon_y \\ \gamma_{xy} \end{Bmatrix} = \begin{Bmatrix} \dfrac{\partial u}{\partial x} \\ \dfrac{\partial v}{\partial y} \\ \dfrac{\partial u}{\partial y} + \dfrac{\partial v}{\partial x} \end{Bmatrix} \tag{6-64}$$

u와 v의 형상함수를 윗식에 대입하고, 제3장에서 구한 형상함수 N_i, N_j, N_k의 도함수의 식 (3.21)을 이용하면

$$\begin{Bmatrix} \epsilon_x \\ \epsilon_y \\ \gamma_{xy} \end{Bmatrix} = \begin{bmatrix} \dfrac{\partial N_i}{\partial x} & 0 & \dfrac{\partial N_j}{\partial x} & 0 & \dfrac{\partial N_k}{\partial x} & 0 \\ 0 & \dfrac{\partial N_i}{\partial y} & 0 & \dfrac{\partial N_j}{\partial y} & 0 & \dfrac{\partial N_k}{\partial y} \\ \dfrac{\partial N_i}{\partial y} & \dfrac{\partial N_i}{\partial x} & \dfrac{\partial N_j}{\partial y} & \dfrac{\partial N_j}{\partial x} & \dfrac{\partial N_k}{\partial y} & \dfrac{\partial N_k}{\partial x} \end{bmatrix} \{d^{(e)}\}$$

$$= \frac{1}{2A}\begin{bmatrix} b_i & 0 & b_j & 0 & b_k & 0 \\ 0 & c_i & 0 & c_j & 0 & c_k \\ c_i & b_i & c_j & b_j & c_k & b_k \end{bmatrix}\{d^{(e)}\} \tag{6-65}$$

이 식으로부터 식 (6-66)과 같은 변형률과 절점변위 사이의 관계 행렬 $[B]$가 정의된다.

$$[B] = \frac{1}{2A}\begin{bmatrix} b_i & 0 & b_j & 0 & b_k & 0 \\ 0 & c_i & 0 & c_j & 0 & c_k \\ c_i & b_i & c_j & b_j & c_k & b_k \end{bmatrix} \tag{6-66}$$

식 (6-60)에 식 (6-66)의 행렬 $[B]$를 대입하면 강성행렬이 구해진다. 그런데 행렬 $[B]$의 모든 성분은 식 (6-66)에서 보는 바와 같이 좌표의 함수가 아니고, 용소 내에서 두께 t가 일정하면

$$\left[k^{(e)}\right] = [B]^T[D]\,[B]\,t\int_A dA \tag{6-67}$$

$$= [B]^T[D]\,[B]\,tA$$

윗 식에서 행렬의 곱으로부터 강성행렬 $\left[k^{(e)}\right]$가 완전히 결정된다. 변형률과 절점변위의 관계 행렬인 식 (6-66) $[B]$의 모든 성분이 좌표에 대해 상수이므로 요소 전체에 걸쳐 변형률이 일정하다. 이러한 이유에서 이 요소를 CST(constant strain triangle) 요소라 한다.

절점력 벡터는 식 (6-38)의 세 적분항을 구하면 되고, 또한 집중하중이 주어진 경우에는 전체 구조물의 절점력 벡터의 해당 자유도를 중첩시켜 주면 된다.

우선 초기 응력에 의한 절점력은 행렬 $[B]$의 성분이 모두 상수임을 고려해서

$$\left\{f^{(e)}\right\}_{\sigma_0} = [B]^T\{\sigma_0\}tA \tag{6-68}$$

평면응력 및 평면변형률의 일반적인 경우에 체적력은 xy평면에서 단위 부피당 x와 y방향으로 X와 Y의 힘이 존재한다. 따라서, 체적력에 의한 절점력 $\left\{f^{(e)}\right\}_b$는

$$\{f^{(e)}\}_b = \int_A [N]^T \begin{Bmatrix} X \\ Y \end{Bmatrix} t\, dA \tag{6-69}$$

이제 식 (3-19b)의 형상함수를 식 (6-69)에 대입해서 적분하면 체적력에 의한 등가 절점력이 구해지는데, 식 (3-19b)에서 보듯이 형상함수들이 x와 y의 함수이고 적분 영역이 삼각형이어서 식 (3-19b)를 대입하여 적분하는 것은 쉽지 않다. 그러나 삼각형 요소의 경우 특성좌표계(natural coordinate system)로서 면적좌표계(area coordinate)를 사용해서 형상함수를 표현하고 면적좌표계에서의 적분공식을 이용하면 식 (6-69)와 같은 적분을 쉽게 할 수 있다. 이에 관한 내용은 참고문헌을 참고하기 바란다(예: 임상전, 곽병만, 이주성, 2002). 요소 내에서 체적력이 일정하다고 하고 식 (6-62)의 형상함수를 대입하여 적분을 수행하면

$$\{f^{(e)}\}_b = \frac{tA}{3} \begin{bmatrix} 1 & 0 \\ 0 & 1 \\ 1 & 0 \\ 0 & 1 \\ 1 & 0 \\ 0 & 1 \end{bmatrix} \begin{Bmatrix} X \\ Y \end{Bmatrix} \tag{6-70}$$

$$= \frac{tA}{3} [X \quad Y \quad X \quad Y \quad X \quad Y]^T$$

이는 체적력이 세 개의 절점에 등분됨을 나타낸다.

식 (6-38)의 마지막 항은 면적적분으로서 요소의 경계면에서 요소가 놓인 평면 내에서 작용하는 표면력이다(그림 6-8). 단위 길이당 작용하는 표면력을 $\{q\} = [q_x \quad q_y]^T$라고 한다. q_x와 q_y는 각각 x와 y방향으로 작용하는 단위 길이당 표면력으로 좌표의 함수가 될 수도 있다. 여기에서는 요소의 경계면에 걸쳐서 표면력이 일정하다고 가정한다. 그림 6-8에서처럼 변 jk에 균일 분포하는 표면력이 있을 때, $ds = d\mathcal{L}$ 임을 고려해서 표면력에 의한 절점력 $\{f^{(e)}\}_q$는

$$\{f^{(e)}\}_q = \int_{\mathcal{L}} [N^*]^T \begin{Bmatrix} q_x \\ q_y \end{Bmatrix} d\mathcal{L} \tag{6-71}$$

여기에서 $[N^*]$는 경계면에서 정의되는 형상함수이다. 그림 3-7에서 보는 바와 같이 변 jk에서 절점 i에 대응되는 형상함수 $N_i = 0$이고, 절점 j와 k에 대응되는 형상함수 N_j와 N_k는 식 (3-19b)의 두 번째와 세 번째 식으로 주어진다. 따라서 변 jk에서 정의되는 형상함수 $[N^*]$는

$$[N^*] = \begin{bmatrix} 0 & 0 & N_j & 0 & N_k & 0 \\ 0 & 0 & 0 & N_j & 0 & N_k \end{bmatrix} \tag{6-72}$$

로 정의된다.

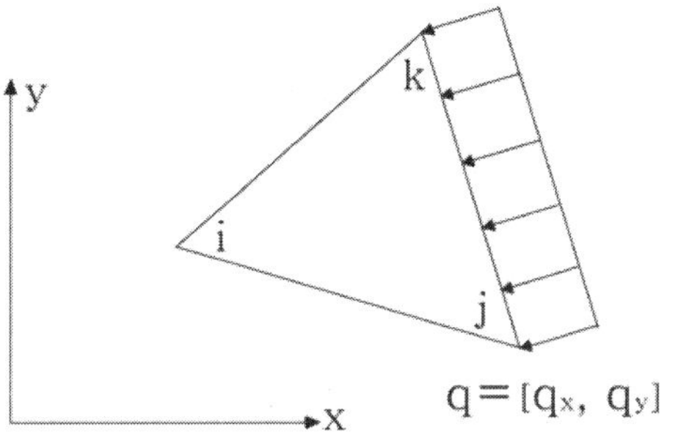

[그림 6-8] 표면력

식 (6-72)를 식 (6-71)에 대입하고 적분을 수행하면 변 jk에 균일하게 분포하는 표면력에 의한 등가 절점력이 구해지는데, 체적력에 의한 등가절점력을 구하는 내용에서 설명한 바와 같이 형상함수들을 면적좌표계로 표현하면 적분을 쉽게 수행할 수 있다. 적분결과는

$$\left\{f^{(e)}\right\}_q = \frac{\mathcal{L}_{jk}}{2}\begin{bmatrix} 0 & 0 \\ 0 & 0 \\ 1 & 0 \\ 0 & 1 \\ 1 & 0 \\ 0 & 1 \end{bmatrix}\begin{Bmatrix} q_x \\ q_y \end{Bmatrix} \tag{6-73a}$$

$$= \frac{\mathcal{L}_{jk}}{2}\begin{bmatrix} 0 & 0 & q_x & q_y & q_x & q_y \end{bmatrix}^T$$

와 같고, 표면력도 체적력과 마찬가지로 해당 변 위에 있는 두 절점에 고르게 분배됨을 알 수 있

다. 변 ij와 ki에 표면력이 있을 때에도 비슷한 방법으로 구해진다. 변 ij에 대해서

$$\{f^{(e)}\}_q = \frac{\mathcal{L}_{ij}}{2}[q_x \quad q_y \quad q_x \quad q_y \quad 0 \quad 0]^T \tag{6-73b}$$

변 ki에 대해서

$$\{f^{(e)}\}_q = \frac{\mathcal{L}_{ki}}{2}[q_x \quad q_y \quad 0 \quad 0 \quad q_x \quad q_y]^T \tag{6-73c}$$

$\mathcal{L}_{ij} \cdots$ 등은 변 $ij \cdots$ 등의 길이이다.

식 (6-67), (6-68), (6-70)과 (6-73)를 이용하면 평면변형률과 평면응력 문제에 대한 강성방정식이 완전히 구해진다. 전체 구조물에 대한 강성방정식은 각 요소의 강성행렬과 절점력 벡터를 조립과정을 거쳐서 구해지며, 이에 경계조건을 대입하여 풀면 절점변위가 구해진다. 변형률과 응력은 변형률과 절점변위 사이의 관계식과 응력과 절점변위 사이의 관계식으로부터 계산한다.

응력과 변형률은 형상함수의 성질상 요소 내에서 일정하다. 만일, 행렬 $[B]$의 성분이 모두 상수가 아니고 좌표의 함수인 요소를 사용할 경우에는 요소의 중앙점에서 응력과 변형률을 구하여 그것을 그 요소의 응력과 변형률을 대표한다고 간주하거나, 또는 어떤 절점을 공유하는 모든 요소에서 그 절점에서의 응력과 변형률을 각각 구한 후 평균하여 그 값을 그 절점에서의 응력과 변형률로 한다.

평면변형률과 평면응력 문제는 많이 있지만, 여기에서는 평면응력문제를 예로 들어 보기로 한다.

그림 6-9에 보인 바와 같이 직사각형 단면을 갖는 박판보가 양단은 단순지지되어 있고 상면에서 깊이 방향으로 균일 분포하는 면내 하중을 받고 있다. 이 보의 깊이가 길이에 비해 작지 않으면 전단변형의 효과를 고려한 보 이론에 의해 해석해야 하는데, 이를 면내 하중을 받는 박판 구조물로 보아 평면응력 문제로 취급할 수 있다.

그림 6-9의 단순 지지된 보를 그림 6-10에서처럼 3가지 모델로 분할하여 유한요소법에 의한 결과와 탄성이론 및 전단변형의 효과를 무시한 단순 보 이론에 의한 결과와 비교하였다. 그림 6-11은 세 가지 분할 모델에 의한 보 깊이의 중앙선에 연하여 처짐 변위를 이론에 의한 결과와 함께 보여 주고 있다.

그림 6-12는 각 경우의 길이 방향과 깊이 방향 응력의 분포를 나타낸다. 유한요소법에서는 요소의 중앙점에서의 응력을 구한 것이다.

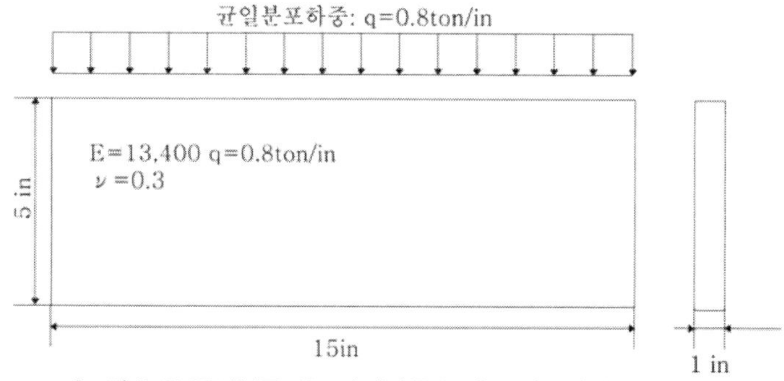

[그림 6-9] 균일분포하는 면내하중을 받는 단순지지된 박판 보

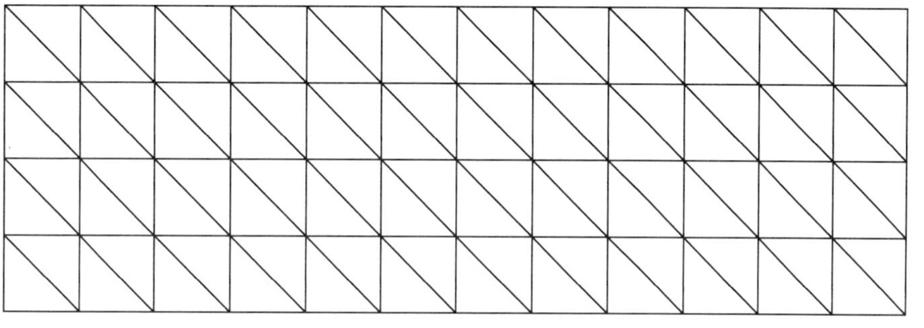

(a) 절점수 = 65, 요소수 = 96

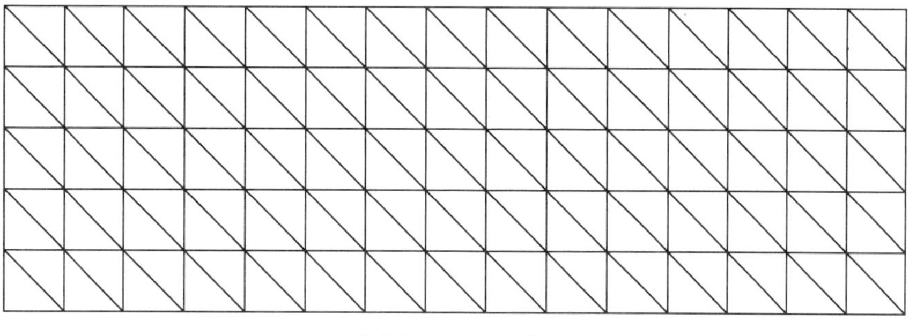

(b) 절점수 = 96, 요소수 = 150

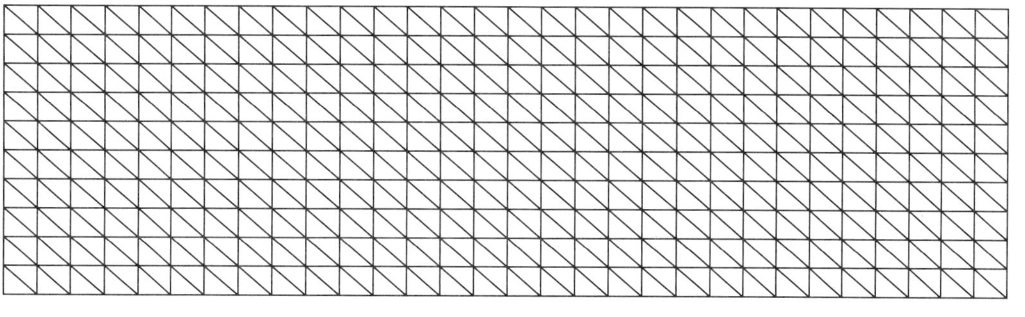

(c) 절점수 = 341, 요소수 = 300

[그림 6-10] 분할

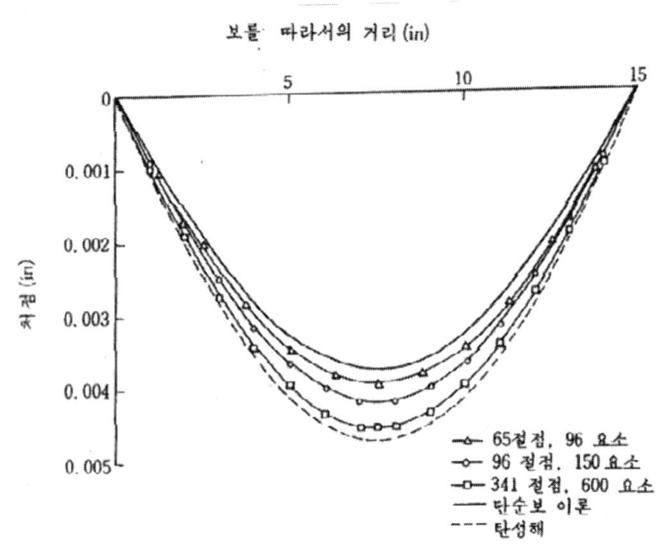

[그림 6-11] 길이의 중앙선에 따른 처짐

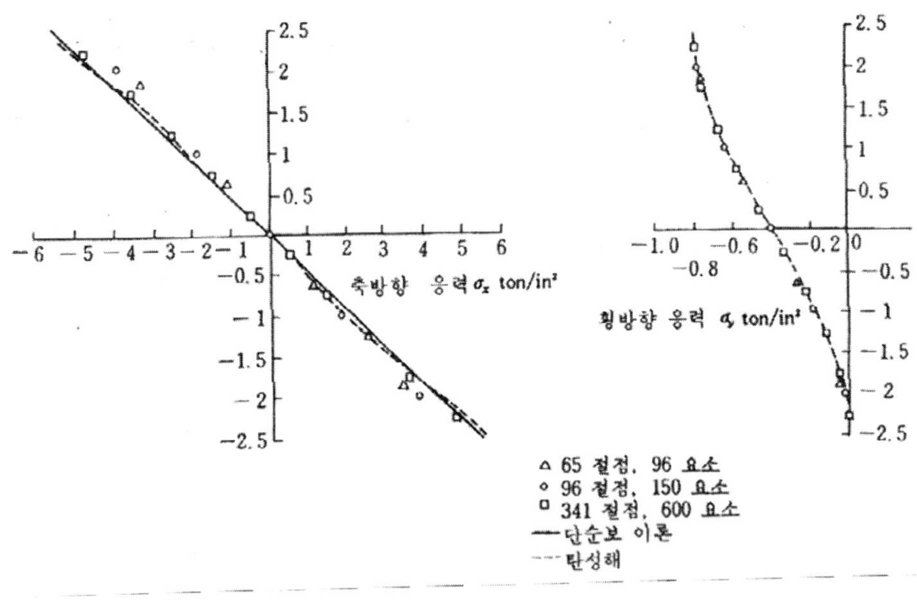

[그림 6-12] 길이와 깊이 방향 응력의 분포

양단 단순지지보에 CST 요소를 적용한 결과인 그림 6-11과 6-12를 보면, 그림 6-10의 분할에서 보듯이 비교적 많은 수의 요소를 사용했음에도 불구하고 탄성해와 비교해서 수렴속도가 느린 것을 볼 수 있다. CST를 사용한 또 하나의 예로서 그림 6-13에 길이 × 깊이 = 5a × a인 외팔보에 대한 해석결과로서 깊이의 중심선에 따른 응력 σ_x 의 분포를 보였다(실제로는 응력이 영이 되어야 한다). 하중은 자유단 위와 아래 점에서 서로 반대방향의 집중하중이 작용하는데, 이는 자유단에서 모멘트를 주는 것과 같은 효과로서 부재가 면내 모멘트(inplane moment)를 받는 상태이다. 그림 6-13(a)에서 보듯이 좋은 결과가 얻어지지 못했다. 이렇듯 CST 요소의 수렴성이 늦고 바람직스럽지 못한 결과를 주는 이유는 이 요소의 면내굽힘강성(inplane bending stiffness)가 실제보다 과도하게 커서 면내굽힘변형을 제대로 반영하지 못하기 때문이다(그림 6-13(b) 참고). 이러한 현상을 'Shear locking' 현상이라 한다. Shear locking 현상을 완화시킬 수 있는 방법은 그림 6-13에 보인 요소보다 더 작은 많은 수의 CST 요소로 분할하는 방법밖에 없다.

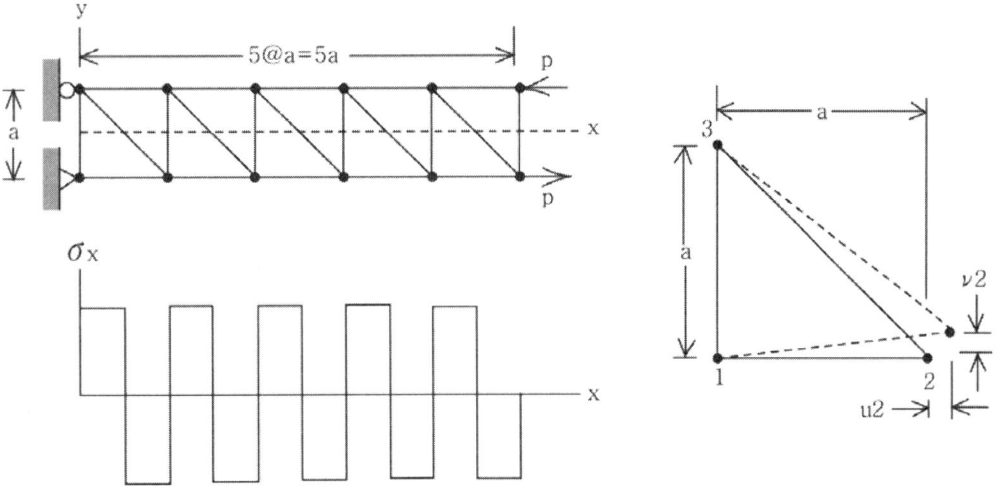

(a) 깊이 중심선에 따른 응력 σ_x의 분포　　　　(b) CST 요소의 면내 변형

[그림 6-13] 면내 모멘트를 받는 외팔보의 CST 요소를 이용한 해석 결과

(2) 사변형 요소

선형 사각형 요소는 그림 6-14에 보인 바와 같이 각 꼭지점에서 절점을 갖고, 선형 삼각형 요소와 마찬가지로 각 변이 직선인 요소이다. 그림 6-14에서 절점 1～4는 첫 번째부터 네 번째 절점임을 나타낸다. 평면응력 문제에 대해 사각형 요소를 사용해서 정식화 하는 과정은 삼각형 요소의 경우와 같다. 우선, 변위 $u(x,y)$에 대한 함수는 주어진 절점변위가 4개이므로

$$u(x,y) = a_1 + a_2 x + a_3 y + a_4 xy \tag{6-74}$$

과 같이 정의될 수 있고, 각 절점에서

$$u(x_1,y_1)=u_1,\ u(x_2,y_2)=u_2,\ u(x_3,y_3)=u_3,\ u(x_4,y_4)=u_4 \tag{6-75}$$

을 만족해야 하므로 식 (6-74)에서

$$\begin{aligned}u(x_1,y_1)&=a_1+a_2x_1+a_3y_1+a_4x_1y_1\\u(x_2,y_2)&=a_1+a_2x_2+a_3y_2+a_4x_2y_2\\u(x_3,y_3)&=a_1+a_2x_3+a_3y_3+a_4x_3y_3\\u(x_4,y_4)&=a_1+a_2x_4+a_3y_4+a_4x_4y_4\end{aligned} \tag{6-76}$$

이 유도된다. 앞에서 설명한 바와 같이 미지계수 $a_1,\ a_2,\ a_3,\ a_4$는 식 (6-76)을 풀어서 구해지며, 이들을 식 (6-74)에 대입하고 절점변위 $u_1,\ u_2,\ u_3,\ u_4$에 대해 정리하면 변위 $u(x,y)$가

$$u(x,y)=N_1u_1+N_2u_2+N_3u_3+N_4u_4 \tag{6-77}$$

과 같이 구해진다. 여기에서 형상함수 $N_1,\ N_2,\ N_3,\ N_4$는

$$\begin{aligned}N_1&=\frac{1}{4ab}(a-x)(b-y)\\N_2&=\frac{1}{4ab}(a+x)(b-y)\\N_3&=\frac{1}{4ab}(a+x)(b+y)\\N_4&=\frac{1}{4ab}(a-x)(b+y)\end{aligned} \tag{6-78}$$

로 주어진다. y 방향으로의 변위 $v(x,y)$에 대해서도 같은 형상함수를 사용할 수 있다. 따라서 변위장은

$$\begin{Bmatrix}u(x,y)\\v(x,y)\end{Bmatrix}=\begin{Bmatrix}N_1u_1+N_2u_2+N_3u_3+N_4u_4\\N_1v_1+N_2v_2+N_3v_3+N_4v_4\end{Bmatrix}=\begin{bmatrix}N_1&0&N_2&0&N_3&0&N_4&0\\0&N_1&0&N_2&0&N_3&0&N_4\end{bmatrix}\{d^{(e)} \tag{6-79}$$

여기에서 $\{d^{(e)}\}$ {d}는 절점변위 벡터로

$$\{d^{(e)}\} = [u_1\ v_1\ u_2\ v_2\ u_3\ v_3\ u_4\ v_4]^T \tag{6-80}$$

이다. 변형률과 변위 사이의 관계인 식 (6-64)에 식 (6-79)의 변위의 식을 대입하면 다음과 같이 변형률과 절점변위 사이의 관계가 구해진다.

$$\{\epsilon\} = \begin{Bmatrix} \epsilon_x \\ \epsilon_y \\ \gamma_{xy} \end{Bmatrix} = \begin{Bmatrix} \dfrac{\partial u}{\partial x} \\ \dfrac{\partial v}{\partial y} \\ \dfrac{\partial u}{\partial y} + \dfrac{\partial v}{\partial x} \end{Bmatrix}$$

$$= \begin{bmatrix} \dfrac{\partial N_1}{\partial x} & 0 & \dfrac{\partial N_2}{\partial x} & 0 & \dfrac{\partial N_3}{\partial x} & 0 & \dfrac{\partial N_4}{\partial x} & 0 \\ 0 & \dfrac{\partial N_1}{\partial y} & 0 & \dfrac{\partial N_2}{\partial y} & 0 & \dfrac{\partial N_3}{\partial y} & 0 & \dfrac{\partial N_4}{\partial y} \\ \dfrac{\partial N_1}{\partial y} & \dfrac{\partial N_1}{\partial x} & \dfrac{\partial N_2}{\partial y} & \dfrac{\partial N_2}{\partial x} & \dfrac{\partial N_3}{\partial y} & \dfrac{\partial N_3}{\partial x} & \dfrac{\partial N_4}{\partial y} & \dfrac{\partial N_4}{\partial x} \end{bmatrix} \{d^{(e)}\}$$

$$= \frac{1}{4ab} \begin{bmatrix} -(b-y) & 0 & (b-y) & 0 & (b+y) & 0 & -(b+y) & 0 \\ 0 & -(a-x) & 0 & -(a+x) & 0 & (a+x) & 0 & (a-x) \\ -(a-x) & -(b-y) & -(a+x) & (b-y) & (a+x) & (b+y) & (a-x) & -(b+y) \end{bmatrix} \{d^{(e)}\} \tag{6-81a}$$

이를 간단히

$$\{\epsilon\} = [B]\{d\} \tag{6-81b}$$

와 같이 표현할 수 있고, 여기에서 변형률과 절점변위 사이의 관계 행렬 $[B]$ 는

$$[B] = \frac{1}{4ab} \begin{bmatrix} -(b-y) & 0 & (b-y) & 0 & (b+y) & 0 & -(b+y) & 0 \\ 0 & -(a-x) & 0 & -(a+x) & 0 & (a+x) & 0 & (a-x) \\ -(a-x) & -(b-y) & -(a+x) & (b-y) & (a+x) & (b+y) & (a-x) & -(b+y) \end{bmatrix} \tag{6-82}$$

이다. 식 (6-66)의 CST 요소의 경우와는 달리 행렬 $[B]$ 의 성분들이 x와 y의 1차 함수이므로 변형률과 응력이 요소 내에서 선형적으로 변한다는 것을 알 수 있다.

요소의 강성행렬은 삼각형 요소의 경우와 마찬가지로

$$[k] = \int [B]^T[D][B]tdA \tag{6-83}$$

에서 구해진다. 여기에서 $[D]$ 는 식 (6-56) 또는 식 (6-59)로 주어지는 탄성계수행렬이고 t는 요소의 두께이다. 요소 내에서 두께 t가 일정하면, 이를 적분기호 밖으로 놓아서 강성행렬은

$$[k] = t\int [B]^T[D][B]dA \tag{6-84}$$

이 되는데, 행렬 $[B]$의 성분들이 x와 y의 1차 함수이므로 피적분항의 행렬곱셈을 수행한 후 각 항에 대해 적분하면 된다. 그러나 그 과정은 지루한 연산과정을 거쳐야 하므로 적분은 Gauss 구적법(Gauss quadrature)과 같은 수치적분법(numerical integration method)을 이용하여 수행된다(김규철 등, 2003). 한편, 그림 6-14와 같은 직사각형 요소보다는 그림 6-15에 보인 일반적인 형태의 사변형 요소가 사용되며, 이 경우에는 요소의 특성좌표계(natural coordinate system) 또는 무차원화된 좌표계(normalized coordinate system)라 불리우는 좌표를 사용해서 형상함수를 표현하고 정식화 과정을 거치게 된다. 물론, 정식화 과정은 지금까지 설명한 과정과 다르지 않으나 강성행렬을 구하는 과정에서 위 식 (6-84)의 적분은 수치적분법을 사용해서 이루어진다. 선형 사각형 요소는 절점 당 자유도 수가 2이므로 요소의 강성행렬은 8×8 행렬이 된다.

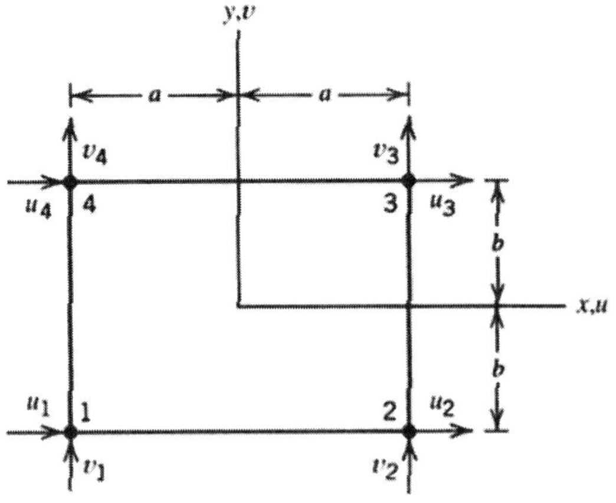

[그림 6-14] 선형 사각형 요소

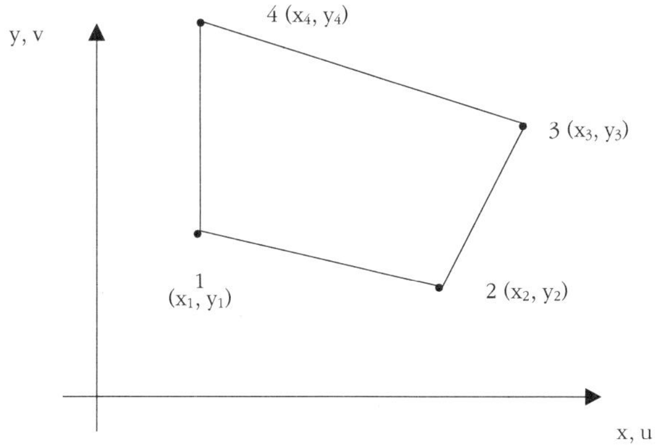

(a) 선형 사변형 요소

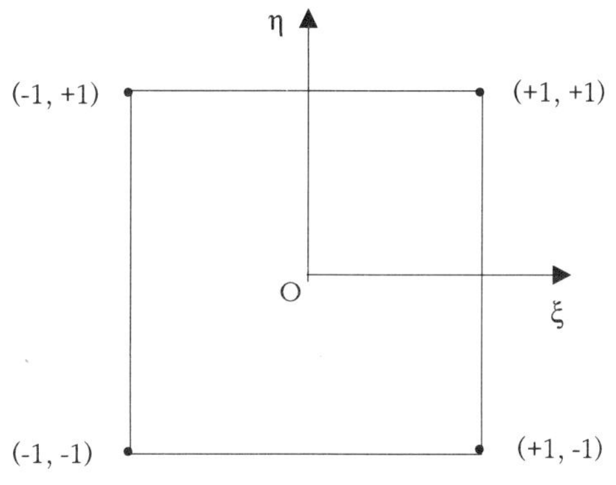

(b) 요소의 특성좌표계

[그림 6-15] 선형 사변형 요소와 특성좌표계

체적력에 의한 절점력은 CST 요소의 경우와 마찬가지의 과정으로 구해지는데, 요소 내에서 단위 체적당 체적력이 일정하면 전체 체적력이 4개의 절점에 균등 분배 된다. 표면력도 마찬가지로 작용하는 변에서의 표면력의 세기가 일정하면 그 변의 두 절점에 표면력의 합력이 균등 분배 된다.

선형 사변형 요소를 그림 6-16에 보인 바와 같이 자유단에 집중하중을 받는 외팔보에 적용하였다. 깊이 방향으로 굽힘응력 σ_x가 최대가 되는 단면의 맨 아래 $(y = -b)$에서 σ_x의 길이 방향으로의 분포와 전단응력 τ_{xy}가 최대가 되는 위치인 깊이의 중간 위치 $(y = 0)$에서 전단응력 τ_{xy}의 길이 방향으로의 분포를 정확한 값과 비교하였다. 보는 바와 같이 유한요소 해석 결과가 그리 바람직스럽지 못함을 알 수 있다. 이는 CST 요소와 마찬가지로 Shear locking 현상 때문인데, 이를 해결하는 방법은 CST 요소의 경우와 마찬가지로 작고 많은 수의 요로로 대상 구조물을 분할하는 것 밖에 없다.

참고로 Shear locking 현상만을 두고 볼 때 이를 해결하는 방법은 면내 굽힘 변형을 자연스럽게 반영할 수 있는 형상함수를 갖는 요소를 사용하는 것인데, 흔히 고차요소(higher order element)를 사용하여 구조물을 모델링하면 쉽게 해결될 수 있다. 이에 대해서는 참고문헌 중 Cook et. al. (2002)를 참고하기 바란다.

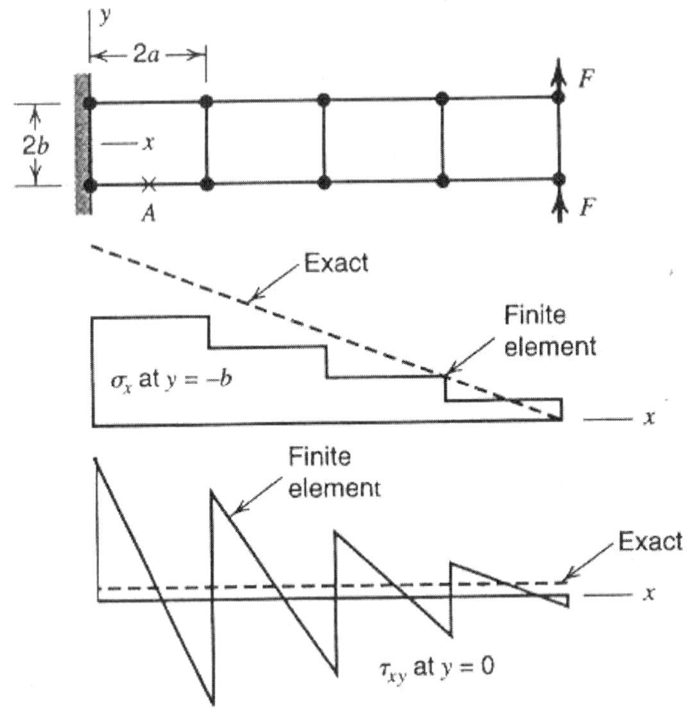

[그림 6-16] 선형 사변형 요소를 이용한 외팔보의 해석 결과

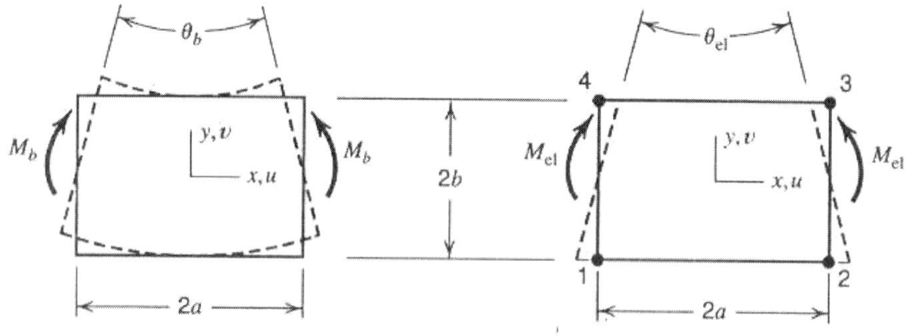

(a) 순수 면내굽힘 하의 직사각형의 변형 형태　　(b) 선형 사변형 요소의 변형 형태

[그림 6-17]

6-3-3 평면 프레임 문제

(1) 보 요소

트러스 구조와는 달리 축하중 뿐만 아니라 부재가 놓인 법선 방향으로의 하중인 횡하중(lateral load)을 받을 수 있는 구조물을 프레임 구조물(frame structure)이라 하며, 이는 보 요소(beam element)로 모델링할 수 있다. 그림 6-18은 xy 평면 내에 놓인 보 요소를 보여주는데, 양단에서 하나씩의 절점을 갖는 선형 보 요소이다. 작용하는 하중으로는 축하중을 배제하면 요소가 놓인 방향의 법선 방향인 y 방향으로의 하중인 전단하중과 굽힘모멘트이고, 각 하중에 대응되는 변위는 y 방향으로의 변위 v와 z 축에 대한 회전각 θ로서 2 자유도 문제이다. 따라서 요소의 자유도 수는 4이다.

a) 형상함수

절점 i와 j에서의 변위를 $v_i, \theta_i, v_j, \theta_j$ 그리고 절점력을 f_i, m_i, f_j, m_j 라 한다. z 축에 대한 회전각 θ는 탄성선 $v(x)$의 기울기 이므로

$$\theta = \frac{dv}{dx} \tag{6-85}$$

의 관계가 있고 요소의 절점변위가 4개 주어져 있으므로, 변위 $v(x)$의 식은

$$v(x) = C_0 + C_1 x + C_2 x^2 + C_3 x^3 \tag{6-86}$$

와 같이 x의 3차함수로 표현된다. 식 (6-85)로부터

$$\theta(x) = C_1 + 2C_2 x + 3C_3 x^2 \tag{6-87}$$

식 (6-86)의 계수 C_0, C_1, C_2, C_3는 아래의 조건에서 구한다.

$$\begin{aligned} v(0) &= C_0 = v_i \\ \theta(0) &= C_1 = \theta_i \\ v(l) &= C_0 + C_1 l + C_2 l^2 + C_3 l^3 = v_j \\ \theta(l) &= C_1 + 2C_2 l + 3C_3 l^2 = \theta_j \end{aligned} \tag{6-88}$$

식 (6-88)에서 계수들을 구해서 식 (6-85)에 대입한 후 절점변위 $\{d^{(e)}\}=[v_i\ \theta_i\ v_j\ \theta_j]^T$ 에 대해 정리하면

$$v(x)=\left[(1-\frac{3x^2}{l^2}+\frac{2x^3}{l^3})\,(x-\frac{2x^2}{l}+\frac{x^3}{l^2})\,(\frac{3x^2}{l^2}-\frac{2x^3}{l^3})\,(-\frac{x^2}{l}+\frac{x^3}{l^2})\right] \tag{6-89a}$$

또는 간단하게

$$v(x)=[N]\{d^{(e)}\} \tag{6-89b}$$

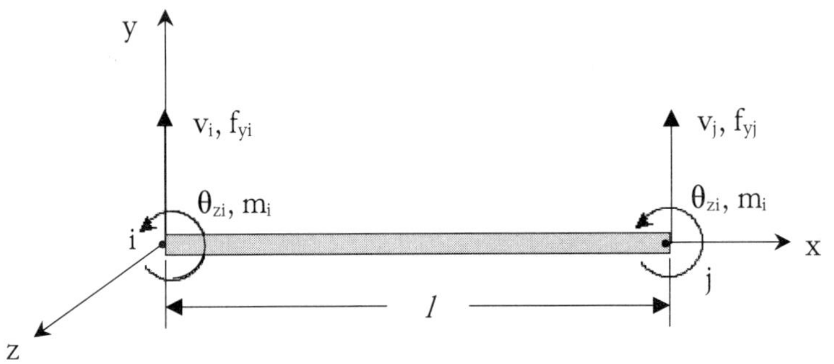

[그림 6-18] 보 요소

b) 변형률과 절점변위, 응력과 절점변위 관계

보 이론에 의해서 굽힘모멘트 M과 곡률 $\kappa_x=-d^2v/dx^2$ 사이의 관계를 편의상 행렬식의 형태로 쓰면

$$\{M\}=[EI]\{\kappa_x\}\ \equiv\ \{\sigma\}=[D]\{\epsilon_x\} \tag{6-90}$$

EI 는 굽힘강성(bending rigidity)이다. 이식에서 굽힘모멘트 $\{M\}$, 곡률 $\{-d^2v/dx^2\}$은 각각 응력과 변형률에 대응되는 것으로서 이들을 일반화된 응력(generalized stress)과 일반화된 변형률(generalized strain)이라 부른다. $[EI]$ 는 탄성계수행렬에 대응된다. 따라서 변형률 (곡률)과 절점변위 사이의 관계는 식 (6-89)의 형상함수를

$$\{\epsilon\}=\{\kappa_x\}=\{-d^2v/dx^2\} \tag{6-91}$$

에 대입해서 다음과 같이 구해진다.

$$\{\kappa_x\} = \{-d^2v/dx^2\} = -\frac{d^2}{dx^2}[N]\{d^{(e)}\}$$
$$= [B]\{d^{(e)}\} \tag{6-92}$$

여기에서 변형률-절점변위 관계행렬 $[B]$는

$$[B] = \left[(\frac{6}{l^2} - \frac{12x}{l^3})\ (\frac{4}{l} - \frac{6x}{l^2})\ (-\frac{6}{l^2} + \frac{12x}{l^3})\ (\frac{2}{l} - \frac{6x}{l^2}) \right] \tag{6-93}$$

식 (6-92)를 식 (6-90)에 대입하면 응력(굽힘모멘트)-절점변위 사이의 관계가

$$\{\sigma\} = [D]\{\epsilon\} = [D][B]\{d^{(e)}\} \equiv \{M\} = [EI]\{\kappa_x\} = [EI][B]\{d^{(e)}\} \tag{6-94}$$

와 같이 구해진다.

c) 강성행렬

강성행렬은 식 (6-37)의 적분을 수행해서 구하는데 식 (6-90)으로 표현된 굽힘모멘트-곡률의 관계에는 이미 보의 단면에 대한 적분 (y, z 방향)이 포함되어 있으므로 요소의 길이방향으로의 적분을 수행하면 된다. 즉,

$$[k^{(e)}] = \int_0^l [B]^T [D][B]dx \tag{6-95}$$

에 식 (6-93)식의 $[B]$와 $[D] = [EI]$를 대입하면

$$[k^{(e)}] = \frac{EI}{l^3}\begin{bmatrix} 12 & 6l & -12 & 6l \\ & 4l^2 & -6l & 2l^2 \\ & & 12 & -6l \\ & sym. & & 4l^2 \end{bmatrix} \tag{6-96}$$

d) 등가절점력의 계산

그림 6-19에 보인 것처럼 요소의 길이 전체에 걸쳐서 단위 길이 당 세기 q의 분포하중이 작용할 때 절점에 작용하는 등가 절점력(equivalent nodal force)은 형상함수를 이용해서 아래와 같이 구해진다.

$$\{f^{(e)}\} = \int_0^l [N]^T q dx = q \int_0^l [N]^T dx \qquad (6\text{-}97a)$$

$$\{f^{(e)}\} = \begin{Bmatrix} f_{yi} \\ m_i \\ f_{yj} \\ m_j \end{Bmatrix} = \begin{Bmatrix} \dfrac{ql}{2} \\ \dfrac{ql^2}{12} \\ \dfrac{ql}{2} \\ -\dfrac{ql^2}{12} \end{Bmatrix} \qquad (6\text{-}97b)$$

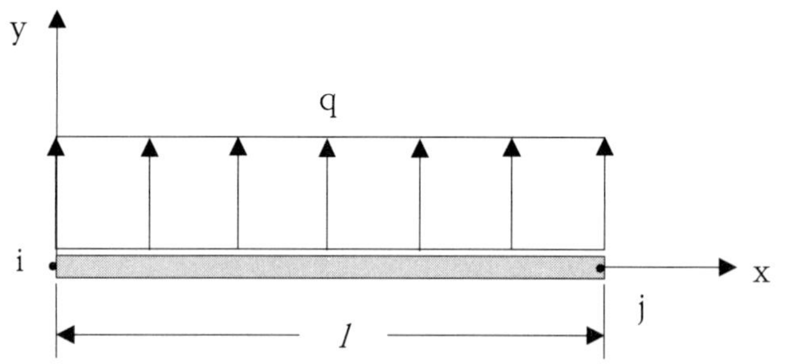

[그림 6-19] 균일분포 하중

(2) 평면 보 요소

a) 강성방정식

그림 6-20에 보인 것과 같이 xy 평면에 놓인 프레임 구조를 보 요소로 모델링할 때 절점력은 전단력과 모멘트뿐만 아니라 그림 6-21에서 보는 바와 같이 요소의 길이방향으로 축하중도 받게 되므로 이에 대응되는 강성이 포함되도록 식 (6-96)의 강성행렬을 변형해야 한다. 축하중에 대한 강성은 §6-2-1의 트러스 요소와 같이 취급될 수 있고 이를 이용하면 평면 보요소의 강성행렬은

$$[k^{(e)}] = \begin{bmatrix} \frac{EA}{l} & 0 & 0 & \frac{EA}{l} & 0 & 0 \\ & \frac{12EI}{l^3} & \frac{6EI}{l^2} & 0 & -\frac{12EI}{l^3} & \frac{6EI}{l^2} \\ & & \frac{4EI}{l} & 0 & -\frac{6EI}{l^2} & \frac{2EI}{l} \\ & & & \frac{EA}{l} & 0 & 0 \\ & & & & \frac{12EI}{l^3} & -\frac{6EI}{l^2} \\ & & sym. & & & \frac{4EI}{l} \end{bmatrix} \tag{6-98}$$

이 된다. 절점변위 벡터와 절점력 벡터는 아래와 같다.

$$\{d^{(e)}\} = \begin{Bmatrix} u_i \\ v_i \\ \theta_i \\ u_j \\ v_j \\ \theta_j \end{Bmatrix}, \ \{f^{(e)}\} = \begin{Bmatrix} f_{\xi} \\ f_{yi} \\ m_i \\ f_{xj} \\ f_{yj} \\ m_j \end{Bmatrix} \tag{6-99}$$

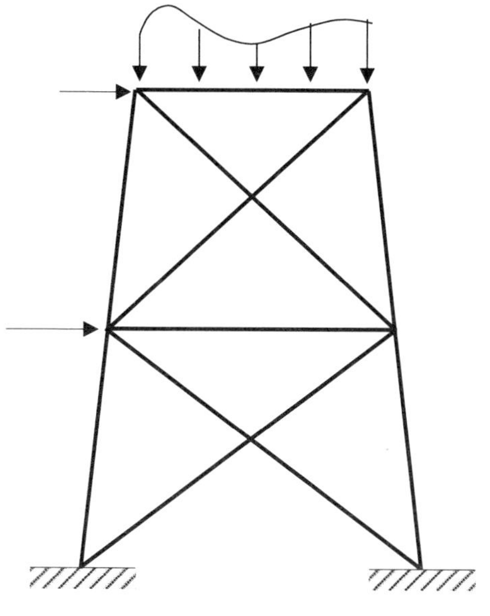

[그림 6-20] 평면 프레임 구조

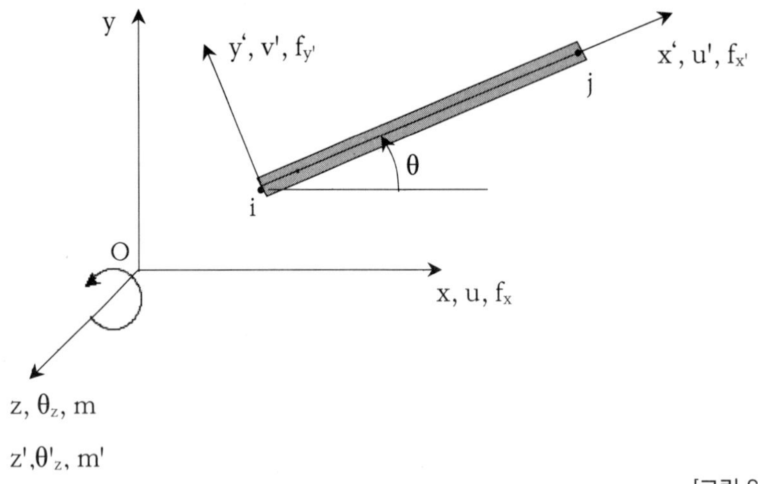

[그림 6-21] 평면 보 요소

평면 보요소의 경우에도 요소의 좌표계 즉, 국부좌표계와 전체좌표계가 일치하지 않으므로 평면 트러스 요소의 경우와 마찬가지로 좌표전환이 필요하다. 그림 6-22는 xy 평면에 놓인 보 요소를 보여주는데 x, y, z는 전체좌표계이고, x', y', z'은 국부좌표계이다. 두 좌표계 사이의 좌표전환행렬은 §6-2-1에서 설명한대로 두 좌표계 사이의 힘 또는 변위 벡터 사이의 관계를 이용해서 구할 수 있는데, 이는 곧 두 좌표계 사이의 좌표 전환 관계를 나타내는 방향여현벡터의 개념을 이용하면 더 편리하다. 그림 6-21에 보인 두 좌표계 사이의 좌표전환을 나타내는 방향여현행렬(direction cosine matrix)는

$$\begin{Bmatrix} x' \\ y' \\ z' \end{Bmatrix} = \begin{bmatrix} \cos(x',x) & \cos(x',y) & \cos(x',z) \\ \cos(y',x) & \cos(y',y) & \cos(y',z) \\ \cos(z',x) & \cos(z',y) & \cos(z',z) \end{bmatrix} \begin{Bmatrix} x \\ y \\ z \end{Bmatrix} \tag{6-100}$$

인데, x'과 x 축이 이루는 각을 θ 라 하면 z' 과 z 축의 방향은 서로 일치하므로

$$\begin{Bmatrix} x' \\ y' \\ z' \end{Bmatrix} = \begin{bmatrix} \lambda & \mu & 0 \\ -\mu & \lambda & 0 \\ 0 & 0 & 1 \end{bmatrix} \begin{Bmatrix} x \\ y \\ z \end{Bmatrix} \tag{6-101}$$

여기에서 $\lambda = \cos\theta$, $\mu = \sin\theta$ 이다. 국부좌표계에서의 물리량을 " ' "으로 표시하면, §6-2-1의 평면 트러스 요소의 경우와 마찬가지로 두 좌표계 사이의 절점변위 벡터, 절점력 벡터 그리고 강성행렬은

$$\{d^{(e)\prime}\} = [T]\{d^{(e)}\}$$
$$\{f^{(e)\prime}\} = [T]\{f^{(e)}\} \tag{6-102}$$
$$[k^{(e)}] = [T]^T[k^{(e)\prime}][T]$$

여기에서 전환행렬 $[T]$는

$$[T] = \begin{bmatrix} \lambda & \mu & 0 & 0 & 0 & 0 \\ -\mu & \lambda & 0 & 0 & 0 & 0 \\ 0 & 0 & 1 & 0 & 0 & 0 \\ 0 & 0 & 0 & \lambda & \mu & 0 \\ 0 & 0 & 0 & -\mu & \lambda & 0 \\ 0 & 0 & 0 & 0 & 0 & 1 \end{bmatrix} \tag{6-103}$$

전체구조의 강성행렬과 절점력 벡터를 구하는 조립과정은 평면 트러스 구조의 경우와 유사하고 단지 절점당 자유도 수가 3이고 식 (6-97)에서 구한 분포하중의 등가 절점력 벡터는 국부좌표계에 대한 것이므로 이를 전체좌표계에 대한 것으로 전환해야 한다. 국부좌표계에서의 절점력 벡터는 식 (6-97)에서 구한 등가 절점력 벡터에 값이 영인 축하중 성분을 포함 시켜서

$$\{f^{(e)\prime}\} = \begin{Bmatrix} f_\xi \\ f_{yi} \\ m_i \\ f_{xj} \\ f_{yj} \\ m_j \end{Bmatrix} = \begin{Bmatrix} 0 \\ \dfrac{ql}{2} \\ \dfrac{ql^2}{12} \\ 0 \\ \dfrac{ql}{2} \\ -\dfrac{ql^2}{12} \end{Bmatrix} \tag{6-104}$$

이고, 이를 전체좌표계에 대한 것으로 전환하면 식 (6-102)로 부터

$$\{f^{(e)}\} = [T]^T\{f^{(e)\prime}\} \tag{6-105}$$

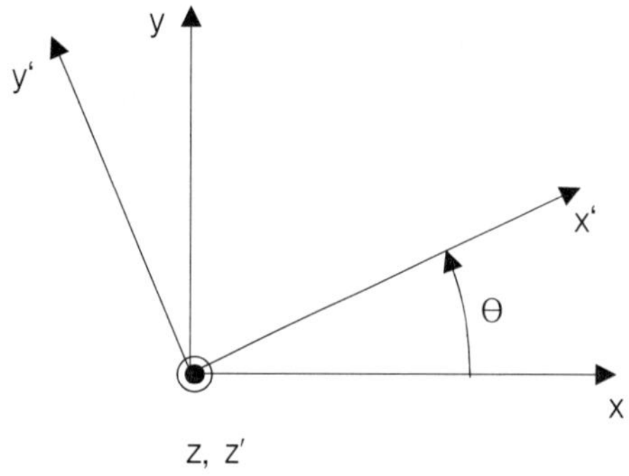

x, y, z : 전체 좌표계
x', y', z' : 국부 좌표계

[그림 6-22] 전체 좌표계와 국부 좌표계

b) 하중의 처리

평면 프레임구조에 작용하는 하중은 절점에 작용하는 집중하중과 요소에 분포하는 분포하중으로 나눌 수 있다. 집중하중의 경우 해당되는 자유도 위치에 중첩시키면 되고, 분포하중은 등가 절점력을 계산하고 좌표전환을 거쳐서 해당되는 자유도 위치에 중첩시킨다. 이때 요소 내에서 분포하중의 세기가 균일하지 않을 경우 해결방법은

방법-1 : 그림 6-23과 같이 분포하중의 형태에 따라 주어진 등가 절점력의
계산공식에서 구한 후 이를 집중하중으로 취급하는 방법
방법-2 : 그림 6-24dhk 같이 요소 내에서 불균일한 분포하중을 등가의 균일분포
하중으로 근사시켜서 식 (4-13)에서 등가 절점력을 계산하는 방법
(이때 균일분포하중의 세기는 실제 분포형상의 면적과 같도록 결정한다)

이 있는데, 어느 방법을 선택하든지 전체좌표계에 대한 것으로 좌표전환을 해야 한다. 한편 그림 6-25와 같이 다루는 구조물에 작용하는 분포하중의 형태가 불균일한 경우 그림 6-23에서 해당되는 경우에 대한 등가 절점력을 계산해서 입력하는 방법-1 보다는 하중의 분포형태를 고려해서 적절히 요소를 분할하고 방법-2를 선택하는 것이 더 용이하다. 왜냐하면 분포하중이 작용하는 요소에 대해서 단위 길이 당 분포하중의 세기 q 만 입력하면 프로그램에서 식 (6-97)에 따라 등가 절점력을 계산하고 전체좌표계에 대한 것으로 좌표를 전환하는 과정을 거치기 때문이다. 이때 주의할 점은 (방법-1의 경우도 마찬가지이지만)

- 분포하중의 기하학적 형태를 잘 표현할 수 있도록 요소를 분할해야 하고
- 분포하중이 작용하는 부위와 작용하지 않는 부위와의 경계에서 요소를 분할

- 일반적으로 요소의 크기가 급격하게 변하지 않도록 분할해야 한다.

는 점이다. 일반적으로 유한요소법을 적용할 때 요소의 분할은 대상 구조물의 기하학적 형상, 하중의 분포형태 그리고 변형의 정도 등을 고려해서 요소의 크기가 자연스럽게 변하는 형태가 되도록 해야 한다는 점을 잊지 말아야 한다.

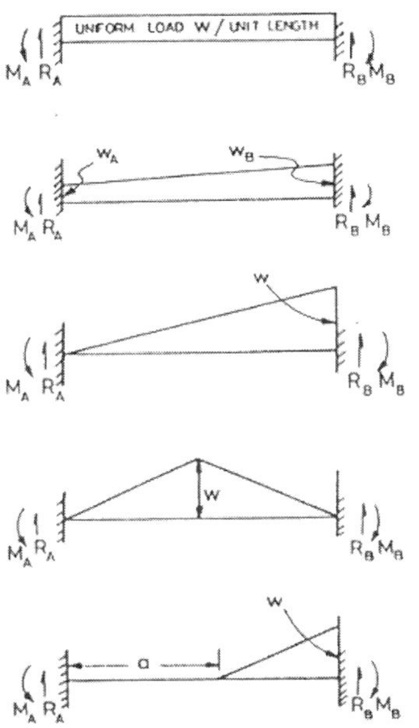

$$R_A = \frac{wL}{2} \qquad R_B = \frac{wL}{2}$$
$$M_A = \frac{wL^2}{12} \qquad M_B = -\frac{wL^2}{12}$$

$$R_A = \frac{L}{20}(7w_A + 3w_B) \qquad R_B = \frac{L}{20}(3w_A + 7w_B)$$
$$M_A = \frac{L^2}{60}(3w_A + 2w_B) \qquad M_B = \frac{-L^2}{60}(2w_A + 3w_B)$$

$$R_A = \frac{3}{20}wL \qquad R_B = \frac{7}{20}wL$$
$$M_A = \frac{wL^2}{30} \qquad M_B = \frac{-wL^2}{20}$$

$$R_A = \frac{wL}{4} \qquad R_B = \frac{wL}{4}$$
$$M_A = \frac{5wL^2}{96} \qquad M_B = \frac{-5wL^2}{96}$$

$$R_A = \frac{w(L-a)^3(3L+2a)}{20L^3}$$
$$R_B = \frac{w(L-a)}{20L^3}\left[10L^3 - (L-a)^2(3L+2a)\right]$$
$$M_A = \frac{w}{60L^2}(L-a)^3(2L+3a)$$
$$M_B = \frac{-w}{60L^2}(L-a)^2(3L^2+4aL+3a^2)$$

[그림 6-23] 등가 절점력에 대한 공식

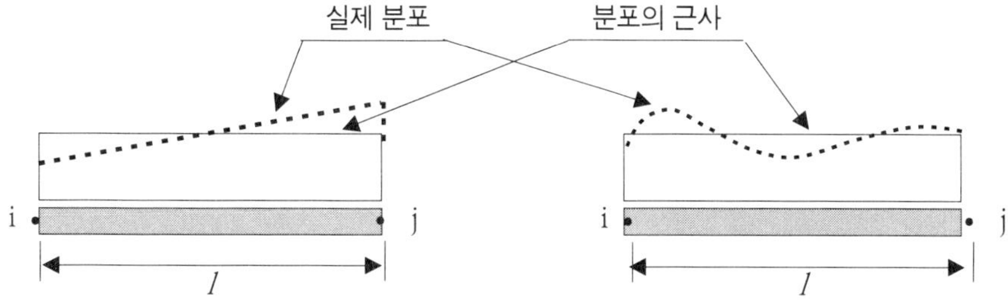

[그림 6-24] 불균일 분포하중의 균일 분포하중으로의 근사적 표현

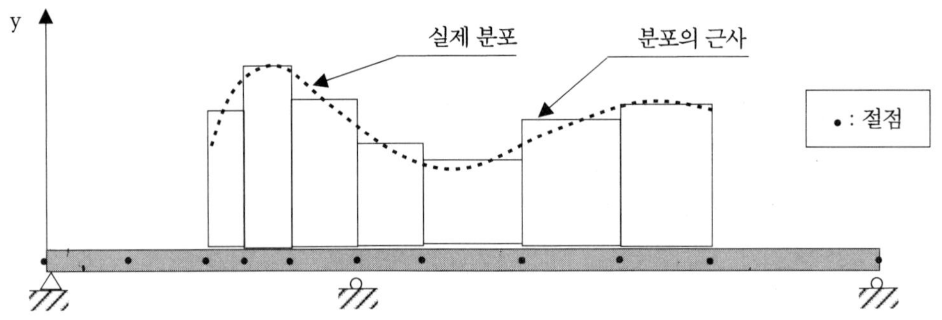

[그림 6-25] 불균일 분포하중을 받는 프레임 구조의 요소 분할 예

6-4 요약

본장에서는 유한요소법을 어떻게 적용하는가를 설명하기 위해서 경계값 문제 중 탄성학에 관한 문제를 다루었다. 탄성학 문제에 대한 일반적인 유한요소방정식을 유도하였다.

§6-1에서는 탄성학에서의 유한요소방정식을 관련된 기본 방정식의 설명과 함께 일반적인 형태로 나타내었는데 구조해석에 있어서 정식화 과정은 거기에서 언급한 과정을 따른다. §6-2에서는 구조해석 문제 중에서 2차원 문제로서 평면변형률과 평면응력 문제에 대해 선형 삼각형 요소와 사변형 요소를 사용해서 다루었고, 또한 평면 프레임 구조에 대해서도 설명하였다.

제7장 평면 트러스 구조해석 프로그램

7-1 프로그램의 구성

여기에서는 유한요소해석 프로그램 중 비교적 가장 간단한 문제인 §6-2-1에서 설명한 평면 트러스 구조물의 구조해석을 위한 프로그램에 대해 설명하였다. 유한요소해석 프로그램은 다루는 문제의 성격에 따라 세부적인 부분에 차이가 있을 수 있으나, 전반적인 흐름에는 큰 차이가 없다. 본 장의 목적은 실용적으로 적용될 수 있는 프로그램을 소개하고자 하는 것이 아니라 자신이 프로그램을 개발해서 문제를 해결하거나 상용 패키지를 이용해서 문제를 해결할 때 유한요소해석 프로그램이 어떠한 과정으로 실행되는지 예시하기 위해 해석의 효율성을 고려하지 않고, 유한요소해석의 기본적인 해석과정을 설명하기 위해 작성된 것임을 참고하기 바란다.

§6-2-1에서 설명한 평면 트러스 구조해석을 위한 프로그램으로서 프로그램의 이름을 "truss2d"라 하였다. 표 7-1에 주 프로그램(main program)과 부 프로그램(subprogram)으로서의 서브루틴들(subroutines)의 기능을 정리하였다. 그림 7-1에는 독자들의 이해를 위해 프로그램의 흐름도를 보였다. 프로그램 "truss2d"는 FORTRAN으로 작성한 것으로서 입력 데이터 파일명(input data file name)은 "truss2d.dat"이고 결과 파일명(output file name)은 "truss2d.out"이다. 이 프로그램은 유한요소법에 의한 List 7-1은 그림 7-2에 보인 평면 트러스 구조에 대한 데이터 파일이고, 표 7-2는 데이터 파일의 내용을 설명한 것이다. 각 부분의 데이터는 변수의 명칭이 삽입되어 있으므로 사용자는 변수명 아래에 있는 수치들을 다루는 구조물에 적합한 것으로 입력 포맷(input format)에 맞추어 바꾸어 넣기만 하면 된다. List 7-2는 그림 7-2에 대한 결과 파일이다.

[표 7-1] 프로그램 구성요소들의 기능

Program name	기능
Main program	프로그램 전반 제어
Subroutine input	입력 데이터의 입력과 출력
Subroutine loadv	하중 데이터의 입력, 전체 구조물의 힘 벡터에의 조립과 출력
Subroutine strana	구조해석을 위한 주 서브루틴(main subroutine)
Subroutine ptruss	평면 트러스 요소의 강성행렬 계산
Subroutine calstr	평면 트러스 요소의 축력과 응력 계산
Subroutine asmbly	요소의 강성행렬의 조립과정
Subroutine bound	경계조건을 이용하여 전체 구조물의 강성방정식을 변형
Subroutine solve	강성방정식의 절점변위에 대한 해를 구함(Gauss 소거법 이용)
Subroutine output	절점변위와 응력 등 해석결과 출력

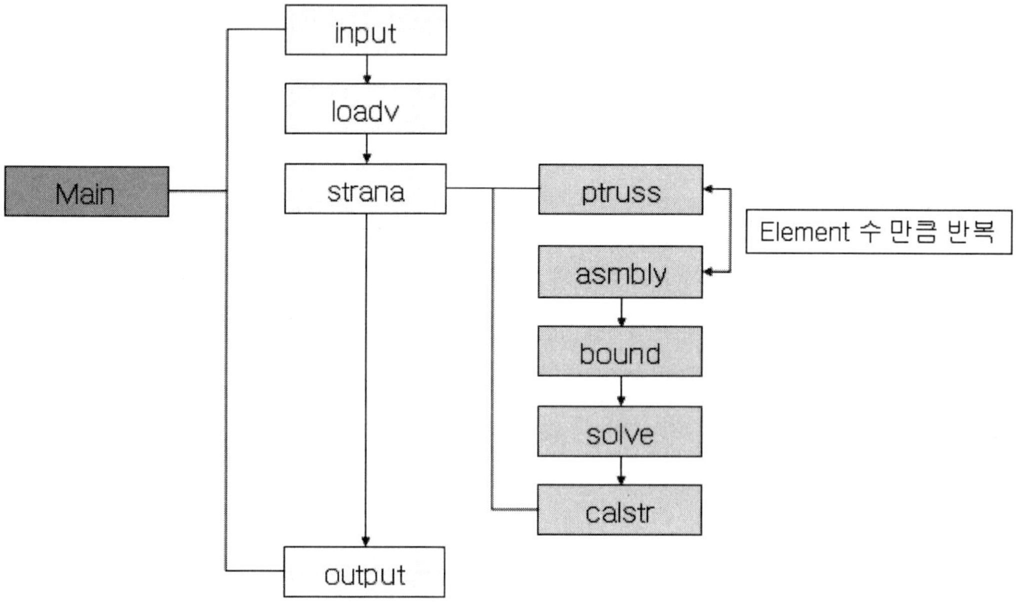

[그림 7-1] 프로그램 truss2d의 흐름도

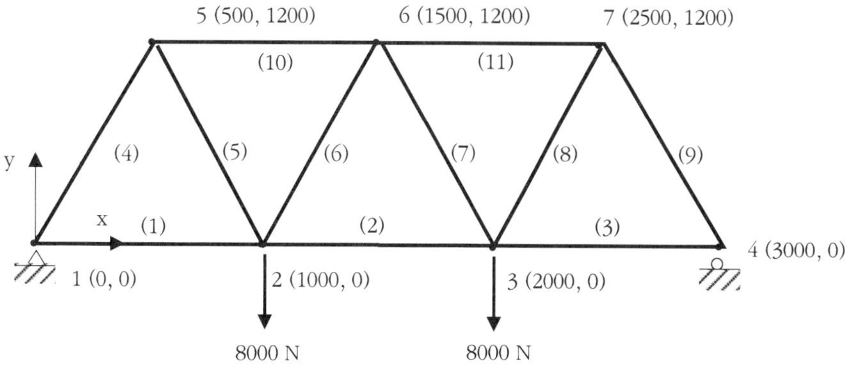

● : 절점
단면적 : 수평부재 A=200 mm^2, 경사부재 A=100 mm^2
탄성계수 : E=200000 MPa

[그림 7-2] 적용 예를 위한 평면 트러스 구조(단위 : N, mm)

List 7-1 데이터 파일 'truss2d_d.dat'

```
---------------------------------------------------------
Line No
---------------------------------------------------------
 ***  Test Example of Plane Truss Structure ***
   ntnod   nelem   nboun   ngeom   nmats (5i8)
       7      11       2       2       1
 node no x-coord y-coord (i8,2f8.0)
       1     0.0     0.0
       2  1000.0     0.0
       3  2000.0     0.0
       4  3000.0     0.0
       5   500.0  1200.0
       6  1500.0  1200.0
       7  2500.0  1200.0
 elem. no  kgeom   matno  node-i  node-j (5i8)
       1       1       1       1       2
       2       1       1       2       3
       3       1       1       3       4
       4       2       1       1       5
       5       2       1       2       5
       6       2       1       2       6
       7       2       1       3       6
       8       2       1       3       7
       9       2       1       4       7
      10       1       1       5       6
      11       1       1       6       7
    nofix  iffix (3i8)
       1       1       1
       4       0       1
 geometric properties : kgeom (i8) / geomd(,) (f8.0)
       1
 200.0
       2
 100.0
 material properties : matno (i8) / propt(,) (f8.0)
       1
 200000.0
 load data : kconc (i8)
       2
  node no     fx      fy (i8, 2f8.0)
       2      0.  -8000.
       3      0.  -8000.
```

[표 7-2] 데이터 파일 'truss2d_d.dat'의 설명

Line no.	설 명	포맷 (format)
1	해석하려는 문제의 제목 (최대 64자)	16a4
2-3	Control data ntnod : total no. of nodes nelem : total no. of elements nboun : no. of nodes for boundary conditions ngeom : no. of geometric property cases nmats : no. of material property cases	5i8
4-11	Coordinates of nodes node no : node no. x-coord : x-coordinates y-coord : y-coordinates	i8, 2f8.0
12-23	Element definition data elem. no : element no. kgeom : geometric property case no. matno : material property case no. node-i : first node no. node-j : second node no.	5i8
24-26	Boundary condition data nofix : node no. iffix : restrained condition data = 0 ; free, ≠ 0 ; restrained	5i8
27-31	Geometric properties first case no. & sectional area second case no. & sectional area	 i8 & f8.0 i8 & f8.0 .....
32-34	Material properties first case no. & elastic modulus second case no. & elastic modulus	 i8 & f8.0 i8 & f8.0 .....
35-39	Load data kconc : no. of nodes where forces act node no : node no. fx & fy : x- & y-components	 i8 i8 2f8.0

List 7-2 결과 파일 'truss2d_r.dat'

```
***  Test Example of Plane Truss Structure ***

Data for structural analysis
============================

< control data >
  no. of nodal points                  =      7
  no. of elements                      =     11
  no. of nodes for boundary condition =       2
  no. of geometric property cases     =      2
  no. of material property cases      =      1
  no. of degree of freedom per a node =       2
  total no. of degree of freedom      =     14

< coordinates of nodal points >
node no     x-coord   y-coord
     1        0.0       0.0
     2     1000.0       0.0
     3     2000.0       0.0
     4     3000.0       0.0
     5      500.0    1200.0
     6     1500.0    1200.0
     7     2500.0    1200.0

< element definition data >
  elem. no   kgeom   matno     i      j
       1       1       1       1      2
       2       1       1       2      3
       3       1       1       3      4
       4       2       1       1      5
       5       2       1       2      5
       6       2       1       2      6
       7       2       1       3      6
       8       2       1       3      7
       9       2       1       4      7
      10       1       1       5      6
      11       1       1       6      7

< boundary condition >
node no    u  v
     1     1  1
     4     0  1

< geometric properties >
  geometric property no. =      1
   sarea
    200.0
```

List 7-2 결과 파일 'truss2d_r.dat'(계속)

```
 geometric property no. =      2
  sarea
   100.0

< material properties >
 material property no. =      1
  young
 200000.0

< load vector >
  no     fx      fy
   1    0.0     0.0
   2    0.0 -8000.0
   3    0.0 -8000.0
   4    0.0     0.0
   5    0.0     0.0
   6    0.0     0.0
   7    0.0     0.0


Results of structural analysis
==============================

< nodal displacements >
node no       u              v
     1   0.00000E+00   0.00000E+00
     2   0.83333E-01  -0.14636E+01
     3   0.25000E+00  -0.14636E+01
     4   0.33333E+00   0.00000E+00
     5   0.33333E+00  -0.74917E+00
     6   0.16667E+00  -0.14983E+01
     7   0.32411E-06  -0.74917E+00


< axial force & stress >
 ielem     axial force    axial stress
     1   0.33333E+04   0.16667E+02
     2   0.66667E+04   0.33333E+02
     3   0.33333E+04   0.16667E+02
     4  -0.86667E+04  -0.86667E+02
     5   0.86667E+04   0.86667E+02
     6   0.24016E-02   0.24016E-04
     7  -0.41003E-02  -0.41003E-04
     8   0.86667E+04   0.86667E+02
     9  -0.86667E+04  -0.86667E+02
    10  -0.66667E+04  -0.33333E+02
    11  -0.66667E+04  -0.33333E+02
```

7-2 프로그램 목록

§7-1에서 설명한 평면 트러스 구조 해석을 위한 프로그램의 목록은 다음과 같다. 이 프로그램은 현재 사용되는 컴퓨터 언어 중 FORTRAN(FORmula TRANslation)으로 작성된 것으로서 유한요소해석 프로그램이 어떻게 구성되어 있는가를 보여주는 예시 성격의 프로그램이다. 독자들은 아마 '왜 요즘 잘 사용하지 않는 컴퓨터 언어인 FORTRAN 일까?'라고 의아하게 생각할 수 있을 것이다. 제1장에서 설명했듯이 1950년대 중반에 실제적인 문제를 해결하는 데에 적용했던 유한요소법은 컴퓨터 Software 및 Hardware의 발전과 더불어 지금까지 발전해 왔다. 만일 컴퓨터가 없는 곳이라면 아무리 마스터 키 역할을 하는 유한요소법이라도 무용지물이다. John Backus와 IBM에 의해 1950년대에 최초로 고안된 고급 프로그래밍 언어인 FORTRAN은 그 이후 상당 기간 동안 과학 및 공학 계산에 주로 사용된 컴퓨터 언어였기에 유한요소법의 적용이 시작되고 발전되어 가고 범용 프로그램들이 개발되는 과정에서 많은 프로그램들이 FORTRAN을 사용해서 개발되었던 것은 자연스러운 추세였다. 이러한 이유에서 현재 널리 사용되는 상용 유한요소해석 패키지 중 상당수의 소스 프로그램(source program)이 FORTRAN으로 되어 있다는 점을 주지할 필요가 있다. 이러한 Software의 개발이 FORTRAN으로 시작되었고 그러한 Software가 상용 유한요소해석 패키지로서 그 성능을 더 발전된 것으로 개발하기 위해 컴퓨터 언어 중 하나인 FORTRAN도 1960년대 FORTRAN 4로 시작해서 FORTRAN 77, FORTRAN 90 그리고 FORTRAN 95로 진화해 왔고, Windows와 Linux 운영체계에 적합한 Compiler가 개발되어 있다.

본 절에 포함된 프로그램은 전술한 바와 같이 유한요소해석 프로그램을 예시한 것으로 비교적 가장 간단한 문제인 평면 트러스 해석을 위한 것이다. 컴퓨터 언어로서 FORTRAN에 익숙하지 않은 독자라도 하나 정도의 컴퓨터 언어에 대한 지식이 있다면, 최신의 FORTRAN 언어에 관한 깊은 지식이 없더라도 FORTRAN 언어에 대한 문법으로서 변수의 정의에서 부터 입력 및 출력파일을 처리하는 과정에 이르는 기본적인 수준을 익히면 어렵지 않게 프로그램의 내용을 파악할 수 있도록 프로그램을 작성한 것이다.

List 7-3 프로그램 truss2d의 목록

```
c
      program truss2d
c
c************************************************************************
c                                                                       *
c        Structural Analysis of Plane Truss Structures                 *
c                                                                       *
c************************************************************************
c
c++++++++++  description of important variables  +++++++++++++++++++
c
c     (1) control variables in sturctural analysis procedure
c        nboun  : no. of nodal points at which boundary condition
c                 is prescribed
c        ndofn  : no. of degree of freedom per a node
c        nelem  : no. of elements
c        nelval : no. of degree of freedom per an element (= nnode*ndofn)
c        ngeom  : no. of geometric property cases
c        nmats  : no. of material properties cases
c        nnode  : no. of nodal points per element
c        ntnod  : no. of nodal points in a structure
c        ntotv  : no. of degree of freedom (= ntnod*ndofn)
c
c     (2) important arrayes
c        bvalu(n,k)  : boundary conditions of node 'n' in k-direction
c        coord(n,k)  : k-coordinate of node 'n'
c        ddisp(n)    : nodal displacement of n-th degree of freedom
c        iffix(n,k)  : indicating if the boundary value in k-direction
c                      is given or not for the n-th nodal point
c                      at which boundary condition is prescribed.
c                        = 0 : no
c                        ne.0: yes
c        kgeom(n)    : geometric property case no. of element 'n'
c        matno(n)    : material property case no. of element 'n'
c        geomd(,)    : geometric properties data
c                      geomd(,1) : sectional area
c        propt(,)    : material properties
c                      propt(,1) : elastic modulus
c        nodes(n,k)  : k-th nodal point no. of element 'n'
c        nofix(k)    : nodal point no. of k-th node at which boundary
c                      condition is prescribed
c        sarea(n)    : sectional area of element 'n'
c        stres(n,k)  : stres resultants (k=1) & stres (k=2)
c        tcomx()     : structural stiffness matrix
c        tload()     : load vector
c        young       : elastic modulus
c
```

```
c++++++++++++++++++++++++++++++++++++++++++++++++++++++++++

      common/com1/nboun,ndofn,nelem,neval,ngeom,nmats,nnode,ntnod,ntotv
      common/com2/bvalu(50,3),coord(500,3),ddisp(1500),iffix(50,3),
     .          kgeom(1000),matno(1000),nodes(1000,3),nofix(50),
     .          geomd(10,8),propt(10,8),
     .          stres(1000,3),tcomx(1500,1500),tload(1500),young
c
c     open data & result files
c
      open(5,file='truss2d_d.dat',status='old')
      open(6,file='truss2d_r.dat',status='unknown')
c
c     define basic variables
c
          nnode=2
          ndofn=2
          neval=ndofn*nnode
c
c     read input data
c
          call input
c
c         initialisting load vector
c
          do itotv=1,ntotv
       tload(itotv)=0.0
          end do
c
c         form load vector
c
          call loadv
c
c         structural analysis procedure
c
          call strana
c
c         print results
c
          call output

          close(5)
          close(6)
          stop
          end
c
c
          subroutine input
c
```

```
c         read input data
c
      common/com1/nboun,ndofn,nelem,neval,ngeom,nmats,nnode,ntnod,ntotv
      common/com2/bvalu(50,3),coord(500,3),ddisp(1500),iffix(50,3),
     .         kgeom(1000),matno(1000),nodes(1000,3),nofix(50),
     .         geomd(10,8),propt(10,8),
     .         stres(1000,3),tcomx(1500,1500),tload(1500)
          dimension title(16),dumy(16)

          read(5,259) title

          read(5,259) dumy
          read(5,250) ntnod,nelem,nboun,ngeom,nmats
          ntotv=ndofn*ntnod
c
c         coordinate data
c
          read(5,259) dumy
          do 210 i=1,ntnod
210       read(5,252) k,(coord(k,j),j=1,3)
c
c         read in element data
c
          read(5,259) dumy
      do 220 i=1,nelem
          read(5,250) ne,kgeom(ne),matno(ne),(nodes(ne,j),j=1,nnode)
220   continue
c
c         boundary condition
c
          read(5,259) dumy
          do ib=1,nboun
          read(5,254) nofix(ib),(iffix(ib,k),k=1,ndofn)
          do j=1,ndofn
          bvalu(ib,j)=0.0
          end do
          end do
c
c     geometric properties : sectional area
c
          read(5,259) dumy
      do igeom=1,ngeom
      read(5,250) kg
          read(5,255) geomd(kg,1)
      end do
c
c         material properties : elastic modulus
c
          read(5,259) dumy
```

```
      do imats=1,nmats
      read(5,250) km
           read(5,255) propt(km,1)
      end do
c
c     Print input data
c
           write(6,260) title
           write(6,261) ntnod,nelem,nboun,ngeom,nmats,ndofn,ntotv

           write(6,264)
           do 240 i=1,ntnod
240   write(6,265) i,(coord(i,j),j=1,2)

           write(6,268)
           do 247 ne=1,nelem
247        write(6,269) ne,kgeom(ne),matno(ne),(nodes(ne,j),j=1,nnode)

           write(6,266)
           do 245 ib=1,nboun
245        write(6,267) nofix(ib),(iffix(ib,k),k=1,ndofn)

           write(6,271)
      do kg=1,ngeom
      write(6,272) kg
           write(6,273) geomd(kg,1)
      end do

           write(6,276)
      do km=1,nmats
      write(6,277) km
           write(6,278) propt(km,1)
      end do

250        format(10i8)
252        format(i8,3f8.0)
254        format(4i8)
255        format(8f8.0)
259        format(16a4)

260        format(/3x,16a4,
     .      //3x,'Data for structural analysis'/3x,28(1h=))
261        format(/3x,'< control data >'
     + /5x,'no. of nodal points                =',i8
     + /5x,'no. of elements                    =',i8
     + /5x,'no. of nodes for boundary condition =',i8
     + /5x,'no. of geometric property cases     =',i8
     + /5x,'no. of material property cases      =',i8
     + /5x,'no. of degree of freedom per a node =',i8
```

```
     + /5x,'total no. of degree of freedom      =',i8)
262         format(/3x,'< material propertis >'
     .      /5x,'elastic modulus =',f10.1)
264         format(/3x,'< coordinates of nodal points >'
     .      /3x,'node no',6x,'x-coord',3x,'y-coord')
265         format(5x,i5,3x,5f10.1)
266         format(/3x,'< boundary condition >'
     .      /3x,'node no','    u  v   ')
267         format(5x,i5,2x,3i3)
268         format(/3x,'< element definition data >'/5x,'elem. no',
     .      3x,'kgeom',3x,'matno',7x,1hi,7x,1hj)
269         format(5x,8i8)

  271 format(/3x,'< geometric properties >')
  272 format(5x,'geometric property no. =',i8
     +  /6x,'sarea')
  273 format(5x,8f8.1)
  276 format(/3x,'< material properties >')
  277 format(5x,'material property no. =',i8
     +  /6x,'young')
  278 format(5x,8f8.1)
            return
            end
c
c
            subroutine loadv
c
c           form load vector
c
        common/com1/nboun,ndofn,nelem,neval,ngeom,nmats,nnode,ntnod,ntotv
            common/com2/bvalu(50,3),coord(500,3),ddisp(1500),iffix(50,3),
     .         kgeom(1000),matno(1000),nodes(1000,3),nofix(50),
     .         geomd(10,8),propt(10,8),
     .         stres(1000,3),tcomx(1500,1500),tload(1500)
            dimension eforce(6)
c
c     Read load data
c       kconc = no. of nodal points at which loads act
c
            read(5,759) dumy
            read(5,751) kconc

            read(5,759) dumy
            do kk=1,kconc
            read(5,750) nodno,(eforce(i),i=1,ndofn)
            knode=(nodno-1)*ndofn
            do 705 i=1,ndofn
            knode=knode+1
705         tload(knode)=tload(knode)+eforce(i)
```

```
         end do

750      format(i8,6f8.0)
751      format(i8)
759      format(a4)
c
c   Print load vector
c
         write(6,600)
         do 100 itnod=1,ntnod
         kst=(itnod-1)*ndofn+1
         ken=kst-1+ndofn
100      write(6,601) itnod,(tload(k),k=kst,ken)
600      format(/3x,'< load vector >'/6x,'no',6x,'fx',6x,'fy')
601      format(i8,2f8.1)
         return
         end
c
c
         subroutine strana
c
c        main sub-program of structural analysis
c
    common/com1/nboun,ndofn,nelem,neval,ngeom,nmats,nnode,ntnod,ntotv
         common/com2/bvalu(50,3),coord(500,3),ddisp(1500),iffix(50,3),
     .      kgeom(1000),matno(1000),nodes(1000,3),nofix(50),
     .      geomd(10,8),propt(10,8),
     .      stres(1000,3),tcomx(1500,1500),tload(1500)
         dimension cmatx(6,6)
c
c        initialisation of the structural stiffness matrix
c
         do 401 i=1,ntotv
         do 401 j=1,ntotv
401      tcomx(i,j)=0.0
c
c        structural stiffness matrix
c
         do 410 ielem=1,nelem
c
c   evaluate element stiffness matrix
c
         call ptruss(ielem,cmatx)
c
c   assemble element stiffness matrix
c   to form the structural stiffness matrix
c
         call asmbly(ielem,cmatx)
410      continue
```

```
c
c       modify the structural stiffness matrix
c    by applying the boundary conditions
c
        call bound
c
c       solve the structural stiffness equation for the nodal displacement
c
        call solve
c
c       calculate stres resultants of elements
c
        call calstr
        return
        end
c
c
        subroutine ptruss(ielem,cmatx)
c
c       element stiffness matrix of plane truss element
c
      common/com1/nboun,ndofn,nelem,neval,ngeom,nmats,nnode,ntnod,ntotv
        common/com2/bvalu(50,3),coord(500,3),ddisp(1500),iffix(50,3),
     .     kgeom(1000),matno(1000),nodes(1000,3),nofix(50),
     .     geomd(10,8),propt(10,8),
     .     stres(1000,3),tcomx(1500,1500),tload(1500)
        dimension cmatx(6,6)
c
c       define geometric & material properties
c
      lgeom=kgeom(ielem)
      lprop=matno(ielem)

        area =geomd(lgeom,1)
        young=propt(lprop,1)
c
c       calculate the direction cosines
c
        ni=nodes(ielem,1)
        nj=nodes(ielem,2)
        dx=coord(nj,1)-coord(ni,1)
        dy=coord(nj,2)-coord(ni,2)
        tl=sqrt(dx**2+dy**2)
        costh=dx/tl
        sinth=dy/tl
        cc=costh*costh
        cs=costh*sinth
        ss=sinth*sinth
```

```
      fac=(young*area)/tl

      do 10 i=1,neval
      do 10 j=1,neval
10    cmatx(i,j)=0.0

      cmatx(1,1)=  cc
      cmatx(1,2)=  cs
      cmatx(1,3)= -cc
      cmatx(1,4)= -cs
      cmatx(2,2)=  ss
      cmatx(2,3)= -cs
      cmatx(2,4)= -ss
      cmatx(3,3)=  cc
      cmatx(3,4)=  cs
      cmatx(4,4)=  ss

      do i=1,neval
      do j=i,neval
   cmatx(i,j)=fac*cmatx(i,j)
      end do
      end do

      do i=1,neval
      do j=1,neval
   cmatx(j,i)=cmatx(i,j)
      end do
      end do
      return
      end
c
c
      subroutine calstr
c
c     calculate stres resultant & stress
c
   common/com1/nboun,ndofn,nelem,neval,ngeom,nmats,nnode,ntnod,ntotv
      common/com2/bvalu(50,3),coord(500,3),ddisp(1500),iffix(50,3),
     .   kgeom(1000),matno(1000),nodes(1000,3),nofix(50),
     .   geomd(10,8),propt(10,8),
     .   stres(1000,3),tcomx(1500,1500),tload(1500)
      dimension dbmatx(6),eldis(6),trans(6,6)
c
c  eldis() = nodal displacement of an element
c
      do 100 ielem=1,nelem
c
c     define geometric & material properties
c
```

```
      lgeom=kgeom(ielem)
      lprop=matno(ielem)

         area =geomd(lgeom,1)
         young=propt(lprop,1)
c
c     define transformation matrix 'trans'
c
         ni=nodes(ielem,1)
         nj=nodes(ielem,2)
         dx=coord(nj,1)-coord(ni,1)
         dy=coord(nj,2)-coord(ni,2)
         tl=sqrt(dx**2+dy**2)
         costh=dx/tl
         sinth=dy/tl
         do i=1,neval
         do j=1,neval
      trans(i,j)=0.0
         end do
         end do

         trans(1,1)=  costh
         trans(1,2)=  sinth
         trans(2,1)= -sinth
         trans(2,2)=  costh
         trans(3,3)=  costh
         trans(3,4)=  sinth
         trans(4,3)= -sinth
         trans(4,4)=  costh

         do 101 i=1,nnode
         m=(nodes(ielem,i)-1)*ndofn
         n=(i-1)*ndofn
         do 101 j=1,ndofn
         nj=n+j
         eldis(nj)=0.0
         do 102 k=1,ndofn
         mk=m+k
102      eldis(nj)=eldis(nj)+trans(j,k)*ddisp(mk)
101      continue

         do 103 i=1,neval
103      dbmatx(i)=0.0
         dbmatx(1)=-young/tl
         dbmatx(3)= young/tl
         stres(ielem,2)=0.0
         do 105 k=1,neval
105      stres(ielem,2)=stres(ielem,2)+dbmatx(k)*eldis(k)
         stres(ielem,1)=area*stres(ielem,2)
```

```
100   continue
      return
            end
c
c
     subroutine asmbly(ielem,cmatx)
c
c           assembly element stiffness matrix in banded form
c           for the structural stiffness matrix
c
      common/com1/nboun,ndofn,nelem,neval,ngeom,nmats,nnode,ntnod,ntotv
            common/com2/bvalu(50,3),coord(500,3),ddisp(1500),iffix(50,3),
     .          kgeom(1000),matno(1000),nodes(1000,3),nofix(50),
     .          geomd(10,8),propt(10,8),
     .          stres(1000,3),tcomx(1500,1500),tload(1500)
            dimension cmatx(6,6)
c
            do 500 i=1,nnode
            m=(nodes(ielem,i)-1)*ndofn
            k=(i-1)*ndofn
            do 510 ii=1,ndofn
            mi=ii+m
            ki=ii+k
            do 520 j=1,nnode
            n=(nodes(ielem,j)-1)*ndofn
            l=(j-1)*ndofn
            do 530 jj=1,ndofn
            nj=jj+n
            lj=jj+l
            tcomx(mi,nj)=tcomx(mi,nj)+cmatx(ki,lj)
530         continue
520         continue
510         continue
500         continue
            return
            end
c
c
            subroutine bound
c
c           mdify the structural stiffness equation
c           using the boundary condition
c
      common/com1/nboun,ndofn,nelem,neval,ngeom,nmats,nnode,ntnod,ntotv
            common/com2/bvalu(50,3),coord(500,3),ddisp(1500),iffix(50,3),
     .          kgeom(1000),matno(1000),nodes(1000,3),nofix(50),
     .          geomd(10,8),propt(10,8),
     .          stres(1000,3),tcomx(1500,1500),tload(1500)
```

```
          do 600 n=1,nboun
          locat=(nofix(n)-1)*ndofn
          do 610 m=1,ndofn
          locat=locat+1
          bvl=bvalu(n,m)
          icolm=iffix(n,m)
          if(icolm. le .0) go to 620
          tload(locat)=bvl
          do 611 ii=1,ntotv
          tcomx(locat,ii)=0.0
          tcomx(ii,locat)=0.0
611       continue
     tcomx(locat,locat)=1.0
          do 630 i=1,ntotv
          if(i.eq.locat) go to 630
          tload(i)=tload(i)-tcomx(i,locat)*bvl
630       continue
620       continue
610       continue
600       continue
          return
          end
c
c
          subroutine solve
c
c         solve the structural stiffness equation of banded form
c         using the Gauss elimination method
c
      common/com1/nboun,ndofn,nelem,neval,ngeom,nmats,nnode,ntnod,ntotv
          common/com2/bvalu(50,3),coord(500,3),ddisp(1500),iffix(50,3),
     .        kgeom(1000),matno(1000),nodes(1000,3),nofix(50),
     .        geomd(10,8),propt(10,8),
     .        stres(1000,3),tcomx(1500,1500),tload(1500)

      esp=1.0e-20
          do 30 m=1,ntotv-1
          pivot=tcomx(m,m)

          if(pivot.le.esp) go to 199

     do 32 i=m+1,ntotv
     c=tcomx(i,m)/pivot
     do 33 j=m+1,ntotv
   33 tcomx(i,j)=tcomx(i,j)-c*tcomx(m,j)
      tload(i)=tload(i)-c*tload(m)
   32 continue
   30 continue
c
c     Backward substitution
c
```

```
      ddisp(ntotv)=tload(ntotv)/tcomx(ntotv,ntotv)
            i=ntotv
   40 i=i-1
      if(i.le.0) go to 49
      sum=0.0
      do 42 j=i+1,ntotv
   42 sum=sum+tcomx(i,j)*ddisp(j)

            if(tcomx(i,i).le.esp) go to 199
      ddisp(i)=(tload(i)-sum)/tcomx(i,i)
      go to 40
   49 continue
            return
c
c***        singularity occurs in the total structural stiffness matrix
c
199         write(6,196)
196         format(//5x,'***   singularity in stiffness matrix   ***'//)
            stop
            end
c
c
            subroutine output
c
c           print results
c
       common/com1/nboun,ndofn,nelem,neval,ngeom,nmats,nnode,ntnod,ntotv
            common/com2/bvalu(50,3),coord(500,3),ddisp(1500),iffix(50,3),
     .         kgeom(1000),matno(1000),nodes(1000,3),nofix(50),
     .         geomd(10,8),propt(10,8),
     .         stres(1000,3),tcomx(1500,1500),tload(1500)

            write(6,602)
            write(6,603)
            do 110 itnod=1,ntnod
            kst=(itnod-1)*ndofn+1
            ken=kst-1+ndofn
110         write(6,605) itnod,(ddisp(k),k=kst,ken)

            write(6,604)
            do 120 ielem=1,nelem
120         write(6,605) ielem,(stres(ielem,k),k=1,2)

602         format(//3x,'Results of structural analysis'/3x,30(1h=))
603         format(/3x,'< nodal displacements >'/3x,'node no',
     .      6x,1hu,14x,1hv)
604         format(/3x,'< axial force & stress >'
     .      /5x,'ielem',6x,'axial force',4x,'axial stress')
605         format(5x,i5,3e15.5)
            return
            end
```

맺음 말

유한요소법과 관련하여 다루어야 할 내용은 대단히 방대하다. 앞서 언급하였듯이 본서는 유한요소법을 비교적 처음 접하는 이들이 이에 대한 기초 지식을 충분히 갖추도록 하는 것을 목표로 저술하고자 하였기에, 유한요소법에 관한 기본적인 내용과 구조역학적 문제를 해결하는 데에 필요한 내용을 중심으로 저술하였다.

유한요소법이 자연과학이나 공학적 문제를 해결하는 'Master key' 역할을 하고 있음에는 틀림이 없으나, 그에 대한 올바른 기초 지식을 갖추어야 잘 개발된 범용의 상용 Package들을 올바르고 효율적으로 사용하여 다루는 문제를 합리적으로 해결할 수 있다는 점을 끝으로 남긴다.

참고문헌

·김규철, 권성규, 나연묵, 이주성 공역 (2003), 수치해석, 도서출판 인터비젼

·임상전, 곽병만, 이주성 공저 (2002), 유한요소법 입문, 제2판, 동명사

·Argyris, J.H. and Kelsey, S. (1960), Energy Theorems and Structural Analysis, Butterworth

·Dym, C.L. and Shame, I.H. (1973), Solid Mechanics - a variational approach, McGraw-Hill, Inc. Clive L.

·Felippa, C.A. (1966), Refined Finite Element Analysis of Linear and Non-linear Two Dimensional Structures, Structure Materials Research Report No.66-22, University of California, Berkeley

·Klaus-Jurgen Bathe (1996), Finite Element Procedures, Prentice Hall Inc.

·Oden, J.T. (1972), FInite Element ofNon-linear Continua, McGraw-Hill

·Robert D Cook, David S. Malkus, Michael E. Plesha and Robert J. Witt (2002), Concepts and Applications of Finite Element Analysis, 4th edition, John Wiley & Sons, Inc.

·Turner, M.J., Clough, H.C., Martin, H.C. and Topp, L.J. (1956), Stiffness and Deflection Analysis of Complex Structures, Journal of Sero. Sci., vol.23